中国地质调查成果 CGS 2021-081
"几内亚-科特迪瓦莱奥地盾铁锰铝资源调查(编号:DD20201153)"项目资助
"北部非洲国际合作地质调查(编号:DD20221802)"项目资助

几内亚优势矿产资源及矿业开发

Advantageous Mineral Resources and
Mining Development in Guinea

胡　鹏　姜军胜　石　凯　李钰林　程　湘
曾国平　严永祥　向　鹏　李　勇　编著

图书在版编目(CIP)数据

几内亚优势矿产资源及矿业开发/胡鹏等编著.—武汉:中国地质大学出版社,2022.8
ISBN 978-7-5625-5380-9

Ⅰ.①几…　Ⅱ.①胡…　Ⅲ.①矿产资源-研究-几内亚　Ⅳ.①P564.51

中国版本图书馆 CIP 数据核字(2022)第 178192 号

几内亚优势矿产资源及矿业开发	胡　鹏　姜军胜　石　凯　李钰林　程　湘	编著
	曾国平　严永祥　向　鹏　李　勇	

责任编辑:韦有福	选题策划:韦有福　张　健	责任校对:张咏梅

出版发行:中国地质大学出版社(武汉市洪山区鲁磨路388号)　　　　　　　　　　邮编:430074
电　　话:(027)67883511　　　　传　　真:(027)67883580　　　　E-mail:cbb@cug.edu.cn
经　　销:全国新华书店　　　　　　　　　　　　　　　　　　　　　　http://cugp.cug.edu.cn

开本:880毫米×1230毫米　1/16　　　　　　　　　　　　　字数:396千字　　印张:12.25
版次:2022年8月第1版　　　　　　　　　　　　　　　　　印次:2022年8月第1次印刷
印刷:湖北睿智印务有限公司

ISBN 978-7-5625-5380-9　　　　　　　　　　　　　　　　　　　　　　　　　　定价:168.00元

如有印装质量问题请与印刷厂联系调换

前 言

几内亚位于西非西岸,北邻几内亚比绍、塞内加尔和马里,东与科特迪瓦接壤,南与塞拉利昂和利比里亚接壤,西濒大西洋。该国拥有丰富的铝土矿、铁、金等矿产资源,素有"地质奇迹"之称。其中铝土矿资源量410亿t,约占全球总量的30%,居世界首位;铁矿石资源量约199亿t,居世界第七位;金矿也较为丰富,资源量可达637t。由于几内亚各类矿产资源整体勘探程度较低,未来增长潜力较大。

近年来,几内亚成为西非矿业投资最热门的国家之一。美国铝业、力拓集团、中国铝业集团有限公司、赢联盟等矿业巨头纷纷在该国布局矿业项目。赢联盟集团拥有几内亚最大的铝土矿项目,助推几内亚成为世界第一大铝土矿出口国和中国第一大铝土矿供应国,是几内亚的明星企业,并于2020年获得世界级铁矿——西芒杜1、2号铁矿的采矿权。对于我国而言,几内亚是我国重要的战略矿产资源尤其是铝土矿资源的供应基地,与我国在矿业领域优势互补,深度融合,已经成为紧密的矿业命运共同体。

中国地质调查局武汉地质调查中心于2010年对几内亚进行了地质矿产调查前期考察工作,2012年国土资源部(现为自然资源部)中央地勘基金调研团队赴几内亚对中国企业已开展的矿业投资和矿产勘查项目进行了调研,较为系统地收集了地质矿产物探、化探、遥感资料。2011—2013年,中国地质调查局武汉地质调查中心组织实施了"非洲西非克拉通成矿区铝、铁等优势矿产成矿规律与资源潜力分析"项目,对西非地区地质构造演化及铝、铁、金、金刚石等优势矿产资源潜力进行分析,并针对几内亚马恩-莱奥地盾区岩石地层特征、构造演化等进行了系统总结。结合前期项目成果,依托中国地质调查局二级项目"几内亚-科特迪瓦莱奥地盾铁锰铝资源调查(编号:DD20201153)""北部非洲国际合作地质调查(编号:DD20221802)",在系统梳理几内亚自然地理、社会经济状况、基础设施、地质调查工作程度、区域地质背景、矿产资源分布、典型矿床及成矿作用等基础上,总结了该国矿业主管部门及地调机构的有关信息,矿产勘查、矿业开发、矿业管理与登记的现状和矿业政策法规,金融外汇、劳工环保政策及其与中国外交关系等内容,分析了中资、西方和本土矿业企业生存状况、中资企业典型投资案例及矿业投资合作应注意的事项,并作投资风险预警提示,以期为中资企业赴几内亚开展矿业投资提供一定的信息支撑。

全书分为六章,主要编著人员为胡鹏、姜军胜、石凯、李钰林、程湘、曾国平、严永祥、向鹏、李勇。具体分工如下:前言由胡鹏执笔,第一章由姜军胜、石凯和李钰林执笔,第二章由胡鹏、姜军胜、程湘、曾国平执笔,第三章由胡鹏、姜军胜、严永祥、向鹏、李勇执笔,第四章由胡鹏、石凯、程湘执笔,第五章由石凯、李钰林、姜军胜、程湘执笔,第六章由胡鹏、姜军胜、严永祥、向鹏执笔。严永祥、向鹏完成了本书相关图、表等的编制。全书由胡鹏、姜军胜统编、定稿。

本书在编撰过程中得到了中国地质调查局科技外事部夏鹏主任、发展研究中心任收麦书记,中国地质调查局武汉地质调查中心毛晓长主任和牛志军副总工等给予的诸多关心和指导支持与关心,在此一并表示感谢。

由于时间和研究水平有限,资料搜集和综合整理分析不足,书中难免存在错漏和偏颇,敬请广大读者批评指正。

编著者

2022 年 6 月

目　录

第一章　概　况 ……………………………………………………………………………… (1)
　　第一节　自然地理 ……………………………………………………………………… (1)
　　第二节　基础设施 ……………………………………………………………………… (2)
　　第三节　社会经济 ……………………………………………………………………… (7)
　　第四节　地质工作回顾与现状 ……………………………………………………… (11)

第二章　区域地质背景 …………………………………………………………………… (14)
　　第一节　大地构造背景 ………………………………………………………………… (14)
　　第二节　地　层 ………………………………………………………………………… (15)
　　第三节　构　造 ………………………………………………………………………… (19)
　　第四节　岩浆活动 ……………………………………………………………………… (20)

第三章　优势矿产资源及成矿作用 ……………………………………………………… (22)
　　第一节　矿产资源概况 ………………………………………………………………… (22)
　　第二节　优势矿产资源特征 …………………………………………………………… (22)
　　第三节　成矿区(带)划分 ……………………………………………………………… (28)
　　第四节　典型矿床特征 ………………………………………………………………… (31)
　　第五节　成矿作用 ……………………………………………………………………… (34)

第四章　矿业开发现状 …………………………………………………………………… (37)
　　第一节　矿产勘查与开发 ……………………………………………………………… (37)
　　第二节　矿权信息 ……………………………………………………………………… (46)
　　第三节　成熟矿山项目 ………………………………………………………………… (48)

第五章　矿业投资环境 …………………………………………………………………… (50)
　　第一节　矿业主管部门 ………………………………………………………………… (50)
　　第二节　矿业权制度 …………………………………………………………………… (50)
　　第三节　税收政策 ……………………………………………………………………… (56)
　　第四节　金融外汇 ……………………………………………………………………… (58)
　　第五节　外商投资准入条件 …………………………………………………………… (60)
　　第六节　劳工政策 ……………………………………………………………………… (60)
　　第七节　环保政策 ……………………………………………………………………… (61)
　　第八节　在几内亚注册公司流程 ……………………………………………………… (62)
　　第九节　与中国的关系 ………………………………………………………………… (63)

第六章　认识和建议 ……………………………………………………………………（64）
　　第一节　矿业投资案例分析 …………………………………………………………（64）
　　第二节　风险预警 ……………………………………………………………………（68）
　　第三节　投资建议 ……………………………………………………………………（69）
主要参考文献 ………………………………………………………………………………（71）
附录1　几内亚2013年矿业法中文版 ……………………………………………………（74）
附录2　几内亚环保法法文版 ……………………………………………………………（158）
附录3　几内亚投资法2015法文版 ………………………………………………………（172）

第一章 概 况

第一节 自然地理

几内亚位于非洲西部,西濒大西洋,北邻几内亚比绍、塞内加尔和马里,东与科特迪瓦接壤,南与利比里亚和塞拉利昂接壤(图1-1),海岸线长约352km,国土面积约24.59万km²,南北宽400~650km,东西长约800km,整个国家版图呈半月状。

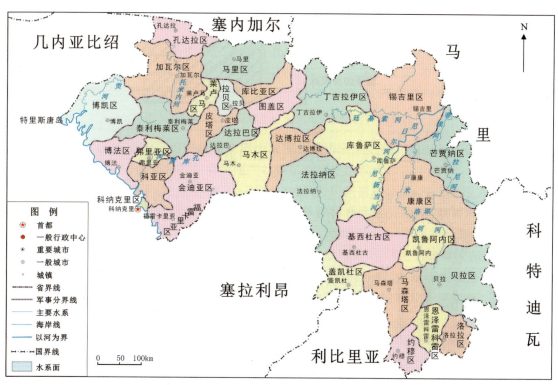

图1-1 几内亚地理位置示意图(来源于中国地图出版社)

全国依据地形地势可划分为4个自然区:西部沿海平原、中部高原、东部和东北部热带草原、东南部热带森林。西部沿海平原靠近大西洋,称下几内亚,占全国国土面积的18%,由沿海向内陆纵深50~90km,因第四纪冰川冲积作用形成平原,全区多沼泽,有大面积的湿地红木林区;中部为富塔贾隆高原区,称中几内亚,平均海拔700m,是西非三大河流——尼日尔河、塞内加尔河和冈比亚河的发源地,俗称"西非水塔";东部和东北部为热带草原地区,称上几内亚,海拔400~500m,植被良好,尼日尔河流经该区域;东南部为热带森林,称森林几内亚,海拔500~600m,有较大面积的原始森林,地势由西芒杜和宁巴山向内地倾斜,区内宁巴山是西非高海拔山峰之一。

几内亚沿海地区为热带季风气候,终年高温多雨;内地为热带草原气候,纬度较高,温度适中。每年

5月至10月为雨季,11月至次年4月为旱季。全国雨量充沛,年均降水量为3000mm,年平均气温为24～32℃。

几内亚行政区划分为大区、省、专区3级,共有7个大区和1个首都科纳克里市(与大区同级)、33个省、304个专区。首都科纳克里是几内亚政治、经济、文化、教育、交通中心,全国第一大城市,位于几内亚西部、大西洋沿岸,面积约230km²。科纳克里交通便利,有国际航空港和国际海港与世界各国相通,还有国家级公路与各大区相连。科纳克里在几内亚经济生活中具有特殊地位,全国95%以上的进出口贸易在该市成交。其他主要城市还有博凯、金迪亚、康康、拉贝、恩泽雷科雷等。

第二节 基础设施

几内亚公路、铁路、港口、通信、电力等基础设施较差,较大程度地限制了矿业发展。几内亚政府鼓励外资投资电力、通信、交通和矿业,并优先规划改善电力、通信、交通等基础设施。

一、公路

根据几内亚国家统计局报告,截至2018年底,几内亚公路总长度43 301km。其中,跨省国道总长度为7576km,包括沥青路2785km(约占总长度的36.8%)。在国道中,20%路况较好,20%路况一般可通行,60%路况较差或很差,通行困难。省级公路总长度为15 879km;乡镇级公路总长度为19 846km。

几内亚公路与塞内加尔、马里、塞拉利昂和科特迪瓦相连接,国家级干道分为6段。1号国道:科纳克里-科亚-金迪亚-马木-达博拉-库鲁萨-康康。2号国道:马木-法拉纳-基西杜古-盖凯杜-马森塔-恩泽雷科雷。3号国道:科纳克里-杜布雷卡-博法-博凯。4号国道:科亚-福雷卡里亚。5号国道:马木-达拉巴-皮塔-拉贝。6号国道:康康-锡吉里-几内亚与马里的边境。

规划建设的西非国家经济共同体西部沿海公路项目在几内亚境内经过博凯、博法、杜布雷卡、科亚和福雷卡里亚,全长约400km,路段起点为博凯区内的达比斯,终点为塞拉利昂与几内亚边境的福雷卡里亚省的巴姆拉普。此外,几内亚还有数十个新建和改扩建公路项目正在施工中,累计长度超过900km。

二、铁路

根据几内亚国家统计局报告,截至2018年底,几内亚有5条铁路干线,总长1172km(图1-2)。从首都科纳克里到全国第二大城市康康的铁路全长662km,是民用运输线,轨距1m,已严重损毁,政府计划重建。此外,还有4条矿区专用铁路线:①赢联盟投资新建的圣图-达比隆线,全长125km,是几内亚首条现代化铁路,完全采用中国标准、中国技术、中国设备;②科纳克里到弗里亚的矿用专线长144km;③科纳克里到金迪亚铝土矿公司(CBK)铝土矿专线长105km;④几内亚铝土矿公司(CBG)修建的从卡姆萨尔港到桑加雷迪矿区的铝土矿运输线长135km。

未来规划的铁路项目有:①西芒杜铁矿-马塔昆深水港口铁路,总长为679km,投资方为赢联盟;②科纳克里-科亚省弗里亚铁路,全长62km,将用于货运和客运;③科纳克里-康康铁路,总长度约800km;④几内亚康康-马里首都巴马科铁路,全长约500km;⑤几内亚康康-布基纳法索第二大城市博博迪乌拉索铁路,总长度约900km;⑥几内亚马木省-本蒂港口铁路,总长度约270km,投资方为英国盎格鲁非洲矿业公司;⑦桑图SANTOU铝土矿区块-维嘉角港口铁路,总长度约148km,项目估算总额为

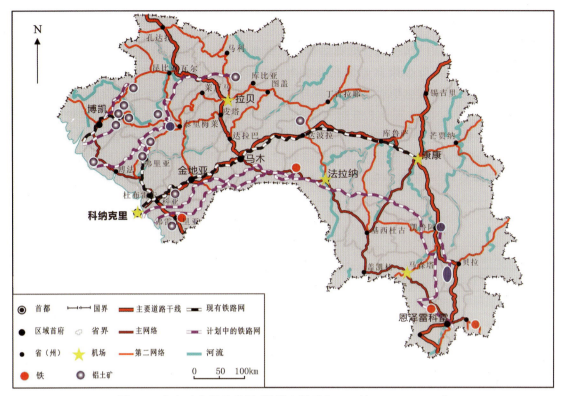

图1-2 几内亚交通示意图(资料来源于 https://mines.gov.gn/)

7.69亿美元,由特变电工集团主导修建。

三、空运

几内亚全国有16个机场。其中,11个是民用机场,包括科纳克里、康康、拉贝、恩泽雷科雷、博凯、法拉纳、基西杜古、锡吉里等,另外5个均是矿业企业自有机场。

几内亚首都科纳克里格贝西亚国际机场为几内亚的一个国际航空港。目前有法国、葡萄牙、阿联酋等国的十几家航空公司在几内亚运营。自首都科纳克里出发,可直飞巴黎、迪拜、布鲁塞尔、卡萨布兰卡、达喀尔、巴马科、阿比让等城市。其中,从中国到几内亚可乘法国、比利时、埃塞俄比亚、阿联酋等航空公司的航班。

四、水运

几内亚对外贸易中约95%的货物通过海运运输。目前已投入使用的主要港口有科纳克里自治港、卡姆萨尔铝土矿专用港、赢联盟博凯港及阿鲁法的维嘉角港。其他使用的小港口包括本蒂、杜布雷卡、科巴等。目前正在建设的港口有博法区域的中铝港、金波港、四川当代港等。

科纳克里自治港为西非地区的基本港,也是该地区主要货物集散地。码头主航道长5000m、宽150m,平均深度9.5m。专业码头包括集装箱码头、油品码头、氧化铝码头(弗里亚氧化铝公司专用)、矿产码头(主要由金迪亚铝土矿公司使用)、商用码头、渔业码头等。集装箱码头长270m,面积8万km²,水深10m,可停靠2.5万t级集装箱船只,年集装箱装卸能力达5万个。油品码头长190m,水深10m,

可停靠2.5万t级油轮,清淤后可停靠4.5万t级油轮。科纳克里自治港可与世界各大港通航。从中国来的集装箱船一般航行期为45~50d,顺利时为29d。

卡姆萨尔港为铝土矿专用港,目前主要由几内亚铝土矿公司(CBG)管理和使用。港口长为230m,航道长17km,水深10m,皮带机长1.6km。该港口年吞吐铝土矿能力约1500万t。

赢联盟博凯港现有凯杜古玛港和达比隆港两个港区。达比隆港区泊位长为534m,每天运行装船量9万t,最大装船能力每天达10.5万t,年出货能力约3500万t。博凯港目前是几内亚和博凯大区货物吞吐量最大的多用途综合性港口,主要出口货物是铝土矿。

未来,赢联盟计划在大西洋海岸的马塔昆地区投资新建一座大型深水港口,主要用于运输西芒杜的铁矿石,港口预计能够容纳40万t散装船停泊,计划年出口铁矿石1亿t以上。该港口为多用途港口,除了装载铁矿石之外,还可以装载集装箱、散货等。英国益格鲁非洲矿业公司计划投资建设福雷卡里亚省的本蒂深水港口,主要用于运输铝土矿。此外,几内亚政府正在博凯地区修建一座大型深水港口,港口地址选在博凯地区大西洋沿岸。该港口既可以用于运输出口铝土矿石,也可以用于散货进出口、集装箱进出口、渔船的停泊等。

五、通 信

几内亚电信行业在2019年取得了快速的发展。几内亚有3家电信运营商:ORANGE、MTN和CELLCOM。法国ORANGE电信公司系几内亚境内最大的电信运营商,市场占有率为65%,MTN电信公司市场占有率为18%,CELLCOM电信公司市场占有率为17%。中国手机换上几内亚手机卡即可在当地使用。中国电信、中国联通和中国移动公司电话卡可在几内亚漫游。几内亚手机网络通话质量一般,但通话资费较为适中。几内亚互联网尚不普及,网络终端为无线出口,网速慢且不稳定,费用较高。

截至2019年底,几内亚手机已普及,手机卡订户为1290万户,比2018年增长8%。互联网订单为481万户,普及率为39%,比2018年增长22%(几内亚邮政和电信管理局,2020)。

2019年3月14日,几内亚电信部与法国ORANGE电信公司几内亚分公司签署合作协议,几内亚政府将第一张4G牌照正式授予法国ORANGE电信公司(牌照有效期10年),标志着几内亚正式进入4G时代。协议中,法国ORANGE电信公司承诺:几内亚境内所有省会城市、县级城市、国家公路、铁路沿线地区将覆盖4G信号,全国至少90%的人口能够使用4G信号。除此之外的地区覆盖2G信号和3G信号。2019年5月,几内亚首都启动了4G Wi-Fi计划。目前在首都和部分大城市中已经逐步可接收到运营商的4G信号。

近年来,几内亚互联网发展迅速,资费也大大下降。主要网络运营商包括:AREEBA、AFRIBONE、AFRIPA TELECOM GUINEE、ETI SA、UNIVERSAL、LA SOTELGUI、LE GROUPE MOUNA和CELLCOM等公司。2018年,几内亚建立了IEP(Internet Exchange Point),降低网络宽带成本并改善基础架构,2018年年底互联网订单达3 945 000户。

根据非洲几内亚电信监管机构公布的信息,几内亚科纳克里、康康、马木、拉贝、博凯、法拉纳、加瓦尔、基西杜古等大城市之间长达4000km的国家光纤骨干项目基本部署完成。建成后,该项目将实现全国主要城镇地区的光纤连接,进一步提高国内互联网连接质量,改善电子政务、电子医疗、电子教育等公共服务设施。

六、电 力

几内亚电力供应非常紧张,即使雨量充沛,所有水电站满负荷发电,全国水电系统也不能满足用电需求，且一些水电站设备陈旧，运行不佳，致使供电问题日益严重，常常停电。在旱季枯水季节，水电站更是不能充分发电。截至2016年年底，几内亚电力普及率为18.1%，其中城市地区普及率为47.8%，农村地区仅为2%。几内亚电力消耗主要集中在城市地区，农村家庭几乎无法用电。几内亚国家电力公司用户主体为矿业企业。随着赢联盟、环球铝业、中铝等矿企的投产，2018年几内亚电力发电量达1 913.8MW·h。

1. 全国发电站概况

几内亚电站中以中国长江三峡集团下属的中国水电对外公司承建的苏阿皮蒂（Souapiti）水电站最大，装机容量为450MW，2020年11月正式并网发电。此外，几内亚主要水电站还包括卡雷塔（Kaleta）水电站（240MW）、加拉非里水电站（75MW）、金康水电站（3.4MW）、丁基索水电站（1.65MW）等。全国除首都中心区外，其他地方均需自备发电机发电。火电厂主要有科纳克里东博热电厂（装机容量510MW）及外省14个小型火电厂（总装机容量15.5MW）。

1）苏阿皮蒂（Souapiti）水电站简介

苏阿皮蒂水电站是几内亚最大的能源电力项目，被誉为"西非三峡"。水电站工程任务以发电为主，水库正常蓄水位210m，正常蓄水位以下库容39.4亿m^3，装机容量450MW，工程采用坝式开发，拦河坝采用碾压混凝土重力坝型，最大坝高116.8m，坝顶长1148m。电站厂房布置在拦河坝右岸河床上，为坝后式厂房。

2）卡雷塔（Kaleta）水电站简介

卡雷塔水电站于2015年建成发电，目前电站运行正常，电站正常发电尾水位60.8m，最低发电尾水位58m。此电站位于阿玛利亚（Amaria）水电站上游约55km处，装机容量240MW。此水电站采用坝式开发，拦河坝采用碾压混凝土坝型，最大坝高22m。水电站利用瀑布有利地形，设坝后式厂房，可增加发电水头20多米。

3）加拉非里（Garafiri）水电站简介

加拉非里水电站位于孔库雷河上游，于1998年正式并网发电。该发电站由法国出资、中资企业承建，曾经是几内亚最大的水电站。电站正常蓄水位350m，库容16亿m^3，拥有3台25MW机组，装机容量75MW，水库具有调节性能，控制流域面积2480km^2，可以对径流进行有效的调节，提高下游水电站的发电量。

2. 电力系统

1）电力系统现状

几内亚的电力系统现状是总装机容量1129MW（表1-1）。几内亚主要由以下5部分电力系统构成：①科纳克里电网（RIC），科纳克里与拉贝之间的互联互通，系统总装机容量975MW，包括公共电站和独立发电厂；②中部电网，装机容量3MW，是由廷基索微型水电站（1.65MW）以及法拉纳火力发电站电厂（1.35MW）组成的互联互通系统，该系统服务的城市主要包括达波拉、法拉纳以及丁基拉耶，且微型水电站的发电能力为0.16MW，主输电线路30kV；③由几内亚电力公司运营的、分布在国家西部和东部的独立中心，发电能力为11MW，包括11座独立发电站，主要是由柴油发电机和独立小型水电站供电；④分散的农村电气化项目（1MW），通常使用可再生能源发电或可再生能源与柴油混合发电；⑤私人运营商管理的自发电设备总装机容量139MW，其中几内亚铝业公司运营的机组容量34MW、益格鲁黄金公司运营的机组容量25MW、几内亚铝土矿开发公司运营的机组容量为65MW、加拿大西非矿产资源开发公司运营的机组容量为8MW、其他私人运营商管理的自发电设备容量7MW。

表 1-1　几内亚现有装机情况统计表

序号	名称	装机容量/MW
1	科纳克里电网（RIC）	975
1.1	加拉非里	75
1.2	卡雷塔	240
1.3	萨穆水电设施	50
1.4	金康水电厂	3
1.4	苏阿皮蒂	450
1.6	独立发电商运营的发电设备	157
2	中部电网	3
3	几内亚电力公司运营的独立中心	11
4	分散的农村电气化项目	1
5	私人运营商管理的自发电设备	139
5.1	几内亚铝业公司运营的机组	34
5.2	盎格鲁黄金公司运营的机组	25
5.3	几内亚铝土矿开发公司运营的机组	65
5.4	加拿大西非矿产资源开发公司运营的机组	8
5.5	其他私人运营商管理的自发电设备	7
	合计	1129

2）电网现状

几内亚国内的输送网络主要由科纳克里互联网络、中心互联网络、西北部港口的中压电线路组成。电网供电线路总长 1 047.95km，其中 110kV 线路长 620km，60kV 线路长 83km，30kV 线路长 344.95km。几内亚电网结构示意图见图 1-3。

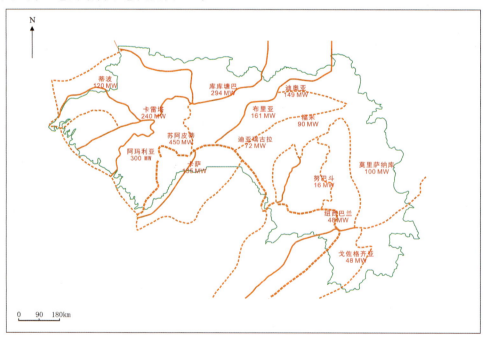

图 1-3　几内亚电网结构示意图（资料来源于 https://www.invest.gov.gn/）

3)电力负荷预测

根据几内亚公开电力资料,考虑几内亚公共部门需求、矿业需求及周边国家需求,2025年几内亚电力总需求量为9244~16 005GW(负荷需求1136~2639MW),实际供应能力为5700GW(规划装机容量1390MW)。几内亚电力市场空间负荷预测如表1-2所示。

表1-2 几内亚电力市场空间负荷情况　　　　　　　　　　　　　　　　单位:MW

电力市场	2020年	2025年
负荷需求	906~1594	1136~2639
系统平衡需要装机容量	1087~1913	1363~3167
特变电工用电负荷	133	918
几内亚规划装机容量	1000	1390
电力盈亏(+盈-亏)	-394~-220	-971~-532

4)电力系统未来规划

按照政府公开资料,几内亚主要电力系统已建成,包括以下项目:

(1)主要电站建设:福米(Fomi)水电站,设计装机容量为90MW;库库塘巴(Koukoutamba)水电站,设计装机容量为281MW;阿玛利亚水电站,设计装机容量665MW;Tombo-1和Tombo-2火电站,设计装机容量各50MV;康康(Kankan)太阳能光伏电站,装机容量20MV。

(2)建造225kV几内亚-马里互联线。

(3)修建225kV临山-福米线(+)。

(4)225kV科特迪瓦-利比里亚-塞拉利昂-几内亚互连线(CLSG)和冈比亚河流域开发组织(OMVG)的建设连线。

(5)继续加强内陆城市的电气化系统,追求农村电气化。

(6)继续实施该国所有集聚区的太阳能路灯计划,并合理安排维护工作。

第三节　社会经济

一、人口分布

据几内亚国家统计局2020年报告,截至2019年底,几内亚人口为1 188.35万人。其中男性575.45万人,女性612.90万人,男女比例接近1:1.06。首都科纳克里有约188万人,锡吉里有76.7万人,博凯有50.9万人。劳动年龄段的中青年人口占全国总人口的53.1%,中青年人口中的51.8%年龄为15~34岁。几内亚有20多个民族,其中富拉族(又称颇尔族)约占全国总人口的40%,马林凯族约占30%,苏苏族约占20%。几内亚人均寿命60.3岁,人口密度48人/km²,人口增长率约为3.2%。

华人在当地的数量没有准确统计,估计有2~3万人。近年来随着中资企业逐步进入几内亚市场,几内亚华人的数量明显增多,主要集中在首都科纳克里、博凯、博法、康康等地区。

二、政治环境

1. 政治制度

几内亚政体为共和制、总统制。1958年独立后,成立几内亚共和国。2010年12月,阿尔法·孔戴当选几内亚独立52年以来首任民选总统。2012年10月,几内亚成立新一届独立选举委员会。2020年12月举行了新一届总统大选,时任总统阿尔法·孔戴在第一轮投票中获得59.49%的选票,击败了竞争对手,赢得了2020年几内亚总统大选,开启了自己的第三任期。

【宪法】1990年12月举行公民投票通过《根本法》。《根本法》规定,几内亚实行总统制,总统兼国家元首和政府首脑。总统由普选产生,任期5年,可连任两届。2001年11月政府修改宪法,将总统任期由5年延长至7年,可连选连任,并取消总统候选人年龄不得超过70岁的限制。2010年5月,政府再次修改宪法,将总统任期改回5年,且仅可连任一次。在新型冠状病毒肺炎疫情大流行时期,阿尔法·孔戴通过发起全民公投取消了宪法中对连任的限制。

【议会】国民议会为最高立法机构,议员任期5年。2013年9月28日,几内亚政府公布立法选举结果,在总计114个议席中,执政党几内亚人民联盟——彩虹联盟获53席,加上6个同盟党,共获59席,成为议会第一大党,超过议会绝大多数。该届议会成立于2020年4月,各党在议会中席位分配为:人民联盟——彩虹联盟76席,民主同盟4席,人民民主运动和民主新力量各3席位,其余20个小党各得1~2席。目前,过渡政府正在积极重组议会。

【司法机构】设普通法院和特别法院。普通法院包括最高法院、上诉法院、初审法院和治安法院。最高法院下设诉讼、行政、经济财政和立法4个法庭。特别法院包括最高法庭、军事法庭和劳动法庭。

【总统和政府】2021年9月5日几内亚突发军事政变。政变军人宣布扣押总统阿尔法·孔戴,废除宪法并解散政府。现今为过渡期,几内亚的总统为马马迪·敦布亚,并通过几内亚国家电视台宣布的一项法令中,任命几内亚外交官穆罕默德·贝阿沃吉为过渡政府总理。同时,重组内阁,任命内阁各个部长。2021年12月25日,几内亚政府总理向过渡总统马马迪·杜姆布亚上校提交了政府施政路线图。路线图包括5个领域:机构整顿、宏观经济和金融框架、法律框架和治理、社会行动和就业能力以及基础设施和卫生设施建设。施政路线图的重要阶段还包括过渡委员会的成立,新宪法的起草,选举管理机构的建立,选民登记册的建立,立宪公投组织、地方和社区选举,总统的选举等。

2. 主要党派

几内亚现有124个合法政党,主要政党情况如下:

【几内亚人民联盟】执政党,始建于1963年。1992年4月3日注册登记,成为合法政党。成员多为马林凯族人。政党宗旨:将几内亚人民从一切形式的压迫中解放出来,团结全体人民,以平等、博爱为基础,建设民主自由社会,实现国家统一、民族独立、经济繁荣和社会公正。该联盟候选人阿尔法·孔戴于2010年当选总统。2020年4月在新一届议会中,该联盟再次获胜。

【几内亚民主力量联盟】反对党,成立于1992年4月。政党宗旨:在实现社会团结和民族和解的基础上,建立民主和法制国家,使国家摆脱贫困,实现可持续发展,保障全体公民的合法权利和自由。主席塞卢·达兰·迪亚洛,2010年参加大选,第一轮投票获43%选票,第二轮投票失利。2013年9月当选国民议会议员。

【几内亚统一进步党】前执政党,于1992年3月27日成立。政党宗旨:促进几内亚社会与经济的发展和进步,实现全国各族人民的和解与团结,建立一个公正、法制、民主的国家。

【几内亚共和力量同盟】反对党,成立于1992年。政党宗旨:实现民族和解,建立民主、多元化社会,改变国家政治、经济和社会三重落后面貌。

【几内亚进步复兴联盟】参政党,由原反对党新共和同盟和复兴进步党于1998年9月15日合并而成。成员多为富拉族人。政党宗旨:在尊重自由、保障多党民主的基础上,建立三权分立的法制国家,加强民族团结和社会凝聚力,反对一切形式的种族中心主义和地方主义,以实现人的可持续发展和全民福祉为目标,全面推进几内亚的经济、社会和文化建设。

三、社会文化环境

1. 民族

几内亚有20多个民族,其中富拉族(又称颇尔族)约占全国总人口的40%,马林凯族约占30%,苏苏族约占20%。

华人华侨在当地大多从事贸易工作,所占比重不大,主要涉及轻工、建材、制药、纺织等日用品及餐饮服务业等,人数为2~3万人。

2. 语言

官方语言为法语。各个部族都有自己的语言,主要部族语言有苏苏语、马林凯语和富拉语(又称颇尔语)等。

3. 宗教

伊斯兰教在几内亚占据重要地位,几内亚民众约89.1%信奉伊斯兰教,6.8%信奉基督教,1.7%信奉其他宗教,2.4%为无神论者。

4. 习俗

几内亚人在社交场合衣着整齐、得体。与客人见面时,一一握手,并报出自己的名字。亲朋好友相见时,习惯施贴面礼。几内亚人见面时的称谓要在姓氏前冠以先生、小姐、夫人和头衔等尊称,只在家庭和亲密朋友间使用名字。

几内亚人对外国人比较友善,愿意主动帮忙,有时会索要礼品和小费。客人到访需事先预约。

几内亚饮食多元化,以米饭为主,配以牛肉、鱼肉、蔬菜等汤汁。普通百姓习惯用手抓饭,也喜欢西餐和中餐。

在几内亚应尊重伊斯兰教的教规和习俗,尽量避免谈论猪及其制品。不主动敬烟酒,应特别尊重穆斯林的清真饮食和工间祈祷习惯,不向正在祈祷的人问话,不擅自进入清真寺。

5. 教育和医疗

【教育】几内亚重视发展教育事业,小学入学率77%,中学入学率49%,但人口文盲率仍达60%(《对外投资合作国别指南》,2020年)。几内亚教育分为初等教育阶段、中等教育阶段和高等教育阶段。初等教育阶段共7年,国家实施义务教育,适龄儿童可以免费入学。完成初等教育阶段学习后,学生可在通过相应升学考试并交纳注册费和其他费用后进入中等教育学校和高等教育学校学习。1984年5月起实行教育改革,规定法语为教学语言,允许私人开办学校。不同学校的收费标准不同,一般公立学校收费低于私立学校。

科纳克里大学全称科纳克里迦玛尔·阿卜杜尔·纳赛尔大学,创建于1959年,系几内亚第一所综合性公立大学和最具影响力的大学。该校分社会科学、自然科学和生物科学3个学科,共设10个学院、

20多个院系。现有在校生1.2万多人,包括来自17个国家的留学生。该校有近100名教师曾赴华接受培训。此外,还有康康大学、松福尼亚大学(科纳克里)、博凯地矿学院等13所高等院校。

【医疗】几内亚医疗水平不发达,医疗卫生体系总体极为薄弱,首都医院、诊所条件尚可,内地各城市医疗机构缺医少药,条件极其简陋。据统计,几内亚5岁以下儿童死亡率高达16.3%,人口平均寿命60.3岁。几内亚主要流行疾病有疟疾、霍乱、寄生虫、腹泻、皮肤病和性病等。其中危害最大的是疟疾,但恶性脑疟较少,雨季期间为高发期。肠道血吸虫病、蟠尾腺虫病和脑膜炎等流行病及肝炎、结核、麻风等传染病也较多发。全国艾滋病病毒携带者约为12.1万人。几内亚曾于2014年初爆发埃博拉病毒疫情,造成大量人员感染,甚至死亡。2016年6月1日,世界卫生组织宣布几内亚埃博拉病毒疫情结束。

几内亚拥有国家级中心医院3所,即东卡医院、亚斯丁医院和中国政府援建的中几友好医院,各大区国立医院7所,县级医院26所,县级以下各类诊所、卫生中心等医疗机构1031个。几内亚药品和医疗设备全部依赖进口,进口国包括法国、中国、比利时、瑞士、尼日利亚、印度等。全国医护人员总数约1000人,其中一半分布在首都各医疗机构。国家财政分配给卫生领域的投入只占国家预算的2.3%。

6. 工会及其他非政府组织

【几内亚劳动者工会】几内亚最大工会组织,在全国各主要城市具有较大的影响力和号召力,也是国际劳工组织的成员。

【几内亚工会联合会】几内亚第二大工会组织,在首都拥有较多基层组织,对机场、码头等重要部门可施加一定影响,是国际劳工组织成员。

【几内亚雇主协会】几内亚最大的企业组织,是政府与私人企业沟通的桥梁和纽带。在全国主要城市设有分支机构,会长由总统任命。

【几内亚工商会】原本是几内亚最有影响的企业组织,但因自身财力不济,加之管理不善,面临解体。

2018年以来,几内亚部分矿山企业时有罢工发生,多以薪资要求和社区关系问题为主。一些中资企业也多次遇到罢工停产事件,但企业罢工均得到了妥善处理。

7. 社会治安

2011年几内亚新政权成立后,政局总体稳定,社会治安得到很大改善,但局部地区社会治安形势有所恶化,偷盗、抢劫时有发生。首都科纳克里及内地发生了数起游行示威事件,造成人员财产损失,但总体影响有限。

2017年2月,几内亚一批教师和学生在首都科纳克里组织了大规模的游行示威,示威者设置路障、焚烧轮胎,与警方发生了零星冲突,造成5人死亡、几十人受伤。

2017年4月和9月,几内亚博凯大区发生2次大规模的骚乱,起因是当地老百姓抗议经常停水停电。抗议者封路、冲击当地政府机关和外国投资的矿区,出现少量的打架、抢劫等事件。在该地区开采铝土矿的多家中资企业受到冲击,被迫停业。

2018年3月,由于地方选举产生争议,在反对党的策动下,在首都和其他城市爆发了大规模抗议浪潮,成千上万的示威人群走上街头抗议,与警察发生了激烈冲突,造成11人伤亡。

2018年7月,政府规定汽油价格必须上涨25%,这导致科纳克里爆发了大规模抗议活动。为了避免公众示威范围扩大,政府于2018年最后一个季度在科纳克里的主要抗议路线上部署了军队和警察联合巡逻行动。

2019年由于总统启动修宪计划,几内亚科纳克里爆发群众示威游行和暴乱,反对总统阿尔法·孔戴修宪取消连任限制,数名示威者在首都科纳克里的示威游行中被射杀身亡。自此,科纳克里经常发生游行示威活动,导致主要交通枢纽及市郊各路段要塞路口经常被阻断、大量商户被迫关闭营业等。

2020年2月5日几内亚海关总署宣布关闭与塞拉利昂边境,阻止大规模非法武器流入几内亚,防止破坏即将举行的议会选举和修宪投票。2月13日几内亚捍卫宪法阵线联盟在全国范围发动反修宪示威活动,抗议者与安全部队发生冲突,造成多人受伤,1人不治身亡。西非大型商品集散中心玛蒂娜市场被迫关闭。桑加雷迪等地抗议者阻断交通,焚烧轮胎和车辆。

2020年以来,几内亚时常发生阻断交通、焚烧车辆和企业设施等事件,部分中资企业和华人车辆受损,甚至有中资企业暂停了在几内亚施工,以保障人员和财产安全。几内亚抗议示威活动偶有升级为暴力冲突致人死亡事件。除反对派FNDC外,教师群体也发生罢工。大选过后,阿尔法·孔戴总统继续连任,政治环境平稳,几内亚的社会治安环境问题得到一定的缓解。

2021年9月5日,几内亚发生政变,总统阿尔法·孔戴被叛军扣押,政局不稳导致社会治安环境急剧下降。现今,过渡政府颁布了一系列平稳过渡政策,社会治安环境有所好转。

第四节 地质工作回顾与现状

一、地质调查工作程度

几内亚整体地质矿产工作程度较低,仅零星完成了重点矿区的大比例尺地质调查工作,区域性基础地质研究程度仍较低。

几内亚地矿部下属的地质局负责全国的地质调查工作,该局从1964年开始填制1:20万地质图。1:20万地质图覆盖几内亚全境(元春华等,2012)(图1-4),数字地质图覆盖几内亚东部和东南部,地球物理调查覆盖几内亚全境。几内亚地质局还在苏联的帮助下(1967—1991年)编制过西部地区的地磁图。

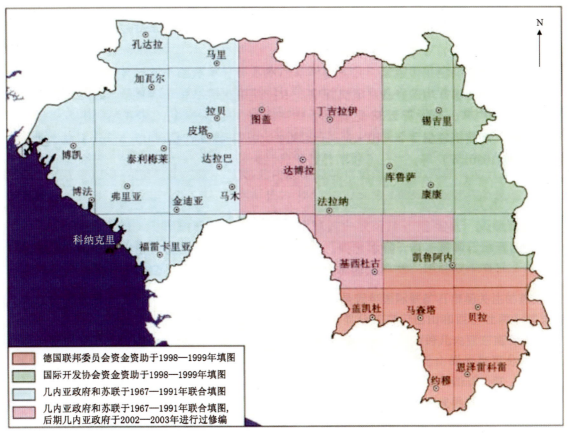

图1-4 几内亚1:20万地质调查程度图(据元春华等,2012)

(1) 1967年几内亚政府和苏联联合开展了几内亚西部1:20万地质填图工作。

(2) 1993年联邦德国汉诺威地球-自然资源研究所开展了科纳克里幅1:5万区域地质调查工作，该项工作总结分析了前人1:20万地质调查成果，重新系统对区内地层、构造、岩浆岩进行了详细划分，该成果资料是本次工作重要的基础地质资料。

(3) 2017年，几内亚地矿部与英国AMTEC Resource Management Ltd公司签署协议，在几内亚全境进行矿产资源普查，绘制出1:10万的几内亚全境矿产资源分布图。

二、与中国政府、地勘单位及矿业企业地质调查合作现状

1. 与中国政府在资源方面的合作

(1) 2017年9月5日，在几内亚总统阿尔法·孔戴访华期间，中国国家发展和改革委员会主任何立峰与几内亚国务部长兼总统府投资顾问卡索利·福法纳（Kassory Fofana）共同签署了《中几资源与贷款合作框架协议》。协议约定中国将在20年内向几内亚提供200亿美元贷款。贷款将用于建设博法镇到首都科纳克里港口的高速公路、一条电力输电线和一所大学等基础设施，几内亚政府将通过三家中国企业投资的铝土矿项目赢利来偿还。这3个项目即是同在博法区的国家电投集团氧化铝厂、中国铝业股份有限公司和中国河南国际合作集团有限公司（简称河南国际）的铝土矿。

(2) 2017年10月2—13日，几内亚地矿部部长兼顾问阿尔法·孔戴先生率几内亚地矿部代表团一行50人参观访问了中国地调局武汉地质调查中心，并就地质科技合作、人员培训、实验室建设、共同推进几内亚矿产资源开发等与武汉地质调查中心相关部门负责人进行了研讨交流。

(3) 2018年8月17日，国家发展和改革委员会宁吉喆副主任与几内亚总统府办公厅卡巴国务部长在北京共同主持召开中几"资源换贷款"协调人会议。

(4) 2019年1月16日，几内亚石油部部长会见我国驻几大使时表示，希望双方能建立良好合作关系，推动几内亚石油开发。

(5) 2019年11月3—5日，由外交部中非合作论坛事务大使周欲晓率领的中国青年代表团一行52人访问几内亚。

(6) 2019年11月25日，由商务部主办、中国地质调查局武汉地质调查中心协办的"2019年几内亚铝业开发项目专业技能海外培训班"在几内亚首都科纳克里正式开班，就铝土矿勘查开发、选冶、综合利用，以及选冶技术装备等方面的理论、技术以及管理经验进行了交流。培训进一步加深了中几两国在地质矿产领域的了解，促进地学领域合作。

(7) 2019年11月29日，由商务部在吉林大学举办的"2019年几内亚地质矿产干部培训班"，为几内亚地矿部一行26人提供地质矿产相关培训交流。

2. 与中国地勘单位、矿业企业地质调查方面的合作

近10年来，先后有10余家中资企业和地勘单位在几内亚开展了矿产资源勘查工作。随着山东魏桥创业集团有限公司（简称魏桥集团）、中国铝业、河南国际及国家电力投资集团公司等大型企业在几内亚获取铝土矿、铁矿和金矿等矿权，各地勘单位在几内亚铝土矿、铁矿和金矿等的勘查中也总结了大量的经验，在找矿取得一定突破的同时，相关研究工作也同步跟进，地质人员先后发表了关于铝土矿、铁矿等数十篇论文。目前我国在几内亚从事矿产勘查与开发的矿种主要有铝土矿、铁矿和金矿。

(1) 2007年5月，河南国际取得几内亚西部博凯地区558 km^2区块探矿权。河南省地质矿产勘查开发局第二地质队于2007年11月15日与河南国际正式签订了《几内亚共和国铝土矿勘探第一期合同书》。之后，该队分7批共96名同志到达了几内亚，并相继在该区开展了一定的勘查工作。

(2) 2008年9月，中国国家电力投资集团与几内亚政府签署了《谅解备忘录》，获得几内亚博凯地区3650号矿区2269 km² 铝土矿资源勘探证。

(3) 2011年，天津华北地质勘查局地质研究所应有关单位要求赴几内亚福雷卡里亚地区开展了铁矿勘查工作。

(4) 2015年，魏桥集团旗下的宏桥集团与烟台港集团、新加坡韦力国际集团、几内亚UMS公司组成联合体，在当地成立了博凯矿业公司（SMB），共同开发博凯地区的铝土矿。2018年魏桥集团又相继取得了圣图矿区和宏达矿区的开采权。

(5) 2015年，中国地质调查局发展研究中心完成了《境外地质矿产信息综合研究与开发利用成果报告》，编制了40多个国家基础地质图件及《非洲地质矿产与矿业开发》《援外地质工作十年回顾》等专著，为政府决策和我国企业"走出去"勘查开发境外矿产资源提供了支撑与服务。

(6) 2016年10月31日，中国铝业与几内亚政府、几内亚国家矿业公司就博法铝土矿区块开发合作签署合作框架协议。

(7) 2016年，中国地质调查局武汉地质调查中心完成了西非七国的1∶50万～1∶100万地质矿产图编制或修编工作，对西非铁、铝、金、金刚石等矿产成矿地质背景、矿床类型、成矿规律进行了总结，划分了四级成矿单元和43个成矿远景区。对几内亚和西非矿产资源逐步整理形成了丰富的资料，包括《几内亚共和国地质矿产图》《几内亚TM遥感影像图》《几内亚行政区划图》《几内亚矿业年鉴》《莱奥地盾金远景区划分图》《马恩地盾成矿远景区划分图》《西非1∶500万地质矿产图》，以及西非被动大陆边缘构造演化特征及动力学背景，西非地质与矿产基本特征，西非构造演化及其对油气成藏的控制作用，非洲西非克拉通成矿区南西部铝、铁等优势矿产成矿规律与资源潜力分析评价，几内亚中南部铁矿等矿产资源地质调查与评价等资料。

(8) 2020年9月9日，西芒杜赢联盟与天津华北地质勘查局签署了《几内亚西芒杜铁矿战略合作协议暨勘探合同》，10月，天津华北地质勘查局派出队伍赴几内亚开展工作。

第二章 区域地质背景

第一节 大地构造背景

几内亚大地构造主体隶属西非克拉通(图 2-1),少部分地区为泛非构造活动带,而靠近大西洋海岸地区则主要为沿大西洋坳陷盆地。

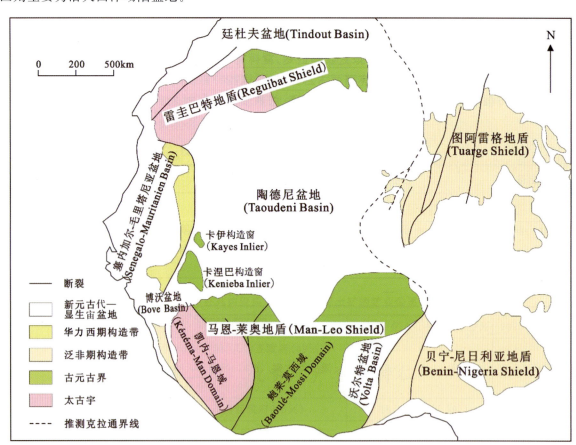

图 2-1 西非大地构造单元简图(据 Thieblemont et al.,2016 修改)

作为世界上保存最完整的克拉通之一,西非克拉通,其东侧毗邻泛非造山带,西侧和南侧濒临华力西期的造山活动带以及大西洋沿岸的坳陷盆地,北部则靠近阿特拉斯造山带。南北延长 1500km,东西宽 250~400km,面积约 450 万 km²。西非克拉通主要包括南部的马恩-莱奥地盾和北部的雷圭巴特地盾以及中部小面积出露的卡涅巴和卡伊构造窗等古老地层,围绕着雷圭巴特地质和马恩-莱奥地盾还分布了 3 个新元古代—新生代沉积盆地,呈不整合覆盖于古老克拉通之上,包括雷圭巴特地盾北部的廷杜夫古生代盆地、中部陶德尼新元古代—古生代盆地以及东南部的沃尔特新生代沉积盆地。其中,①马恩-莱奥地盾,西部主要为太古宙马恩地盾,主要由花岗岩、混合岩和片麻岩等组成的基底及上覆绿岩和变质沉积岩组成的表壳岩类构成(Rollinson,2016)。东部则由古元古代的莱奥-地盾构成,主要发育一套比里姆岩系的变火山-沉积岩系列,其中形成于2.3~2.0Ga的比里姆绿岩带代表了幼年期增生地体系列,为重要的含金、锰岩层。古元古代末期(约2.1Ga)发生了埃布尼(Eburnean)运动(John et al.,1999;Feybesse et al.,2006),是形成造山型金矿的重要动力。②雷圭巴特地盾与马恩-莱奥地盾比较相似,太古宙的混合岩、片麻岩、含铁石英岩建造等主要分布在其西部,中东部主要为古元古代—中元古代的火山-沉积变质岩石(Gärtner et al.,2013)。③凯内-马恩域和卡伊构造窗是出露于陶德尼盆地西南部边缘,主要发育大面积的古元古代变火山沉积岩及少量的深成岩体(Hirdes et al.,2002)。④陶德尼盆地位于西非克拉通的中心部位,出露了一套从新元古代到古生代早期的沉积物。⑤廷杜夫盆地是在志留纪之后形成的一个非常大的盆地,主要出露寒武系—石炭系。⑥沃尔特盆地是缓倾斜的向斜盆地,其中最古老的沉积物出露于盆地边缘,年轻的沉积物主要位于盆地中央。此外,西非克拉通西部边缘发育了罗克列德和毛里塔尼亚构造剪切带(Ponsard et al.,1998),其中罗克列德剪切带自利比里亚中部向北一直延伸到毛里塔尼亚,随后与北部的毛里塔尼亚剪切带相连接,两者主要为一套新元古代泛非期的火山沉积岩组合,部分金矿产于其中。

自太古宙以来,几内亚地区经历了多次构造运动,使得区域地层发生了一定的变形变质,具体如下。

(1)中新太古代时期,西非地区经历了利昂(Leonian,3.2~3.0Ga)和利比里亚(Liberian,2.9~2.8Ga)两大造山运动。该造山运动伴随有深源的成矿作用及花岗岩侵入,古老地层发生了强烈的褶皱作用,并伴随强烈角闪岩相和麻粒岩相变质作用、超区域混合岩化作用、重熔等,形成了一套由基性至长英质高级变质片麻岩和混合岩组成的古老结晶基底以及基性—超基性火山岩及少量沉积岩变质的表壳岩(绿岩)类。目前西非克拉通内太古宙地层主要分布在雷圭巴特地盾西部地区和马恩地盾区。其中几内亚东南部出露了大量的太古宙马恩地盾古老地层。

(2)古元古代时期,区内发生了著名的埃布尼(Eburnean)造山(2.27~2.05Ga)运动,除发育了大量的比里姆火山-沉积岩系列外,还发育了一系列同造山变形和花岗岩侵入作用,代表了一次重要的陆壳形成事件。该造山作用演化的特征为一系列强度和类型各异的变形过程,锡吉里盆地发生了与断裂构造有关的运动,导致了北西-南东向尼扬当山脉的形成,同时导致了该盆地作为大陆海洋域的形成和发育。

(3)泛非运动,发生于650~620Ma,使几内亚的科勒特(Kolente)岩系发生了变形,同时结晶基底的糜棱岩区发生断裂,倾向北西,并发生了大量岩浆活动。

(4)古生代以来,加里东—华力西期克拉通边缘经受了热事件局部改造,使得不同时代的盆地沉积物覆盖在原来的地层之上,因而导致前寒武纪的岩石地层在各个沉积盆地内出露较少。

(5)中生代,冈瓦纳大陆逐渐发生解体,伴随着大量大陆裂谷玄武岩的喷发,开始了沿大西洋坳陷盆地的前裂谷阶段。

(6)新生代以来,随着大西洋的扩张和南美大陆与非洲大陆的漂移,西非海岸盆地逐渐向西扩展,张裂向南延伸,形成了世界典型的边缘或离散(大西洋型)盆地。

第二节 地 层

几内亚地层分布较为广泛,自太古宙至新生代均有出露(图2-2)。其中,几内亚东部地区,主要以发育前寒武纪古老地层为特色,包括东南部广泛分布的太古宙马恩地盾古老岩石地层,根据岩性特征大体分为两类:基底片麻岩-混合岩岩类和变质表壳岩类。基底主要组成是:以石英、长石、黑云母、角闪石为主的混合岩和片麻岩,闪长岩,英云闪长岩,花岗闪长岩,其中占支配地位的是花岗闪长岩。另外,基底也有小的透镜状、薄层状斜长角闪岩,变形变质玄武岩岩墙残片等。变质表壳岩:条带状含铁建造是该系中的特征岩相之一,通常见到的是含磁铁矿石英岩、含氧化铁带的绿岩等,经淋滤富集后的铁可达65%。此外,在西芒杜地区广泛分布着角闪-辉石岩类的长条状透镜体。东北部则主要为古—中元古代比里姆岩系,与马恩地盾的边界不太明确,目前比较接受的观点是沿萨桑德拉有糜棱岩带分布作为二者的分界。比里姆岩系主要为火山-沉积岩建造,由变质火山-沉积岩组成,在整个西非地区分布较广,一直延伸到几内亚的西北地区,局部有酸性—中酸性岩侵入。北部广泛发育新元古界和古生界沉积岩,其基部为冰碛岩,上覆砂岩、泥灰岩和石英岩。沿海岸线发育了一套新生代条带状海相和冲积沉积岩。境内地层表现为沉积建造、变质岩和火成岩体,时代从前寒武纪直到第四纪。

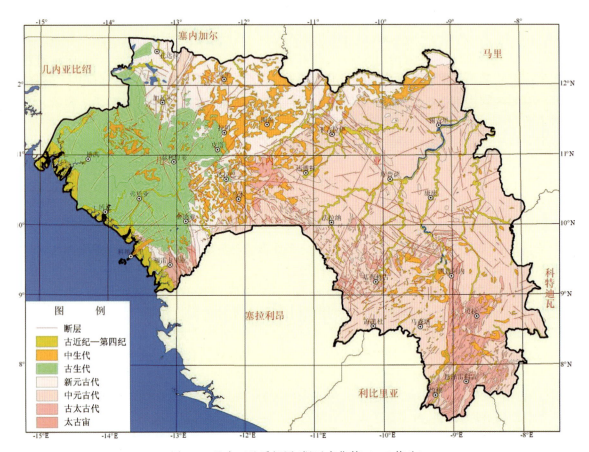

图 2-2 几内亚地质概图(据元春华等,2012修改)

一、太古宙

几内亚太古宙地层主要出露在东南部地区。此外,在中南部的法拉纳地区及西部的福雷卡里亚地区也有少量出露。岩性组合为基底片麻岩-混合岩类和变质表壳岩类(绿岩类)。

1. 基底片麻岩-混合岩

几内亚分布的太古宙片麻岩-混合岩类主要包括条纹状正片麻岩、花岗混合岩(花岗片麻岩)、花岗岩等,且不同时期的太古宙条纹状片麻岩和花岗混合岩中所含包体主要是角闪石、超基性岩、石英岩及条带状富铁石英脉。根据地层年代序列,西芒杜山脉和宁巴山山峰的岩石由老到新分别为:砾岩、砂岩、角闪岩、花岗质页岩和千枚岩;磁铁石英岩、含花岗质页岩和石英夹层;淡色石英岩。

片麻岩系列在贝拉等地区主要形成了一条单一延伸的杂岩体,其中心为白云母和白云母-角闪石单晶条带状片麻岩,构成了太古宙岩石的主体。该岩石为含花岗岩-白云母-英云闪长花岗岩类的岩体,角闪岩相变质变形作用。含黑云母和黑云母角闪石的大型条带状片麻岩,其岩性和结构都与年轻的正片麻岩差别不大。石英岩和石英质片麻岩褶皱与影响沉积型片麻杂岩体的褶皱一致。几内亚西南部和东南部的花岗片麻岩沿东西向展布,延伸600km,它的突出特点在于与塞拉内昂和利比里亚附近省份出露的相似性。在花岗片麻杂岩体中常出露片麻岩和角闪石残余痕迹,大小从几米到几百米不等。这些岩体包括含花岗闪长岩的混合花岗岩、二长花岗岩和石英闪长岩,其条麻状构造清晰可见。在通常情况下,大型花岗片麻岩杂岩体是超区域重熔作用的标志,该作用导致混合岩和大面积S型花岗岩类杂岩体的形成,其中在马森塔或贝拉地区尤为明显。

2. 变质表壳岩类(绿岩类)

绿岩带残余主要呈北—北东走向的向斜构造,周围为基底花岗片麻岩、原地花岗岩及构造后花岗岩类岩石。根据岩石序列构成,绿岩带可分为上、下两层。其中,序列的下部往往开始从超基性岩向基性岩转变,如早期的超镁铁质熔岩和基性岩现在变质为蛇纹岩、滑石片岩、透闪石岩等。斜长角闪岩和少量沉积岩形成互层。上覆的镁铁质岩石主要是拉斑玄武岩和斜长角闪岩,枕状、杏仁状、气孔状构造发育,说明侵入体主要是火山成因的块状基性熔岩。而上半部分变质沉积岩的代表性顺序是石英岩(有时含铬云母)、云母片岩、变砾岩、堇青石-石榴子石-片岩、石英-长英质-片岩和带状铁矿石,也有原始沉积特征的弱变质杂砂岩-浊积岩,可见粒序层理和火焰构造。

几内亚区内的绿岩带主体以宁巴山和西芒杜岩系为主,两者的形成时间也比较接近。两个岩体外壳沉积的变质程度不如其基底,宁巴山岩系的千枚岩受到高温角闪岩相变质作用影响;西芒杜岩系的千枚岩变质特点为绿片岩相,绿岩带中的变质火山岩和变质沉积岩包括斜角闪长岩、黑云母片岩、石英岩和带状铁矿石。

二、古元古代比里姆岩系

古元古代比里姆岩系广泛出露于几内亚丁吉拉伊、锡吉里、康康等地,岩性主要由变质片岩、变质砂页岩、云母石墨片岩、泥质板岩、石墨粉砂岩夹双峰式变质火山碎屑岩,以及新元古代砂岩、长石砂岩、粉砂岩组成,可进一步划分为尼扬当岩系和锡吉里盆地陆台沉积。

1. 尼扬当岩系

尼扬当岩系来源于丁吉拉伊的尼扬当山脉,该山脉为北西-南东向,将结晶基底的锡吉里盆地切断。山脉岩体由火山岩系构成,主要有中性火山岩、燧石、拉斑玄武岩、科马提岩、凝灰岩、火山碎屑岩、含玄武安山岩的火山角砾岩。康康地区局部发育了少量的超镁铁质岩体和科马提岩。

2. 陆台沉积

锡吉里盆地的比里姆沉积岩的主要成分为碎屑沉积岩、泥质岩和陆壳浊积岩。该岩系的基底由白云质灰岩构成,呈细粒状结构,形成不规则地层,引发大规模的古生代暗礁的微晶相。白云质灰岩被砂岩覆盖,并与之形成角度不整合。白云质灰岩含有白云岩、页岩和火山岩碎屑(粗面岩)。硬砂岩表现出浊积岩沉积物的典型特征,其粒级分级很明显。主要成分为长石、石英、黏土质页岩碎屑、碳酸盐岩、石英岩、火山岩碎屑、流纹岩、粗面岩、基性岩以及花岗岩碎屑等。这一岩系的变质程度为中度绿片岩相。

三、(中—)新元古代高原沉积

(中—)新元古代沉积物主要以新元古代为主,目前仅在拉贝等地区发现了少量的中元古代克拉通盆地沉积物,Sm/Nd同位素测年分析结果显示为1100Ma。(中—)新元古代沉积物主体分布于北部地区,一般形成于板状地层(未发生褶皱),覆盖于古元古代埃布尼褶皱基底和太古宙利比里亚造山期形成的克拉通之上。该沉积物起始端为厚砾岩,由下伏克拉通成分构成。向上逐渐变为薄层状粉砂岩、黏土、白云质灰岩、沉凝灰岩、石英岩及冰碛岩,这些砂质和黏土质沉积物,厚度可达数千米。颜色呈灰白色、灰黄色、褐黄色,主要成分为长石,次要成分为石英,砂状-粉砂状结构,层状构造(尹艳广等,2020)。

四、泛非期地层单元

几内亚西南部罗克列德造山带是圭亚那克拉通与西非克拉通泛非期碰撞的产物,主体位于塞拉利昂,自西向东发育4个岩石单元。①福雷卡里亚(Forecariah)群:由片麻岩和云母片岩组成,发育同构造(589~570Ma)和后构造花岗岩;②莫萨亚(Moussaya)群:由基底花岗岩类和片麻岩(2840Ma)组成,上覆变质杂岩,并出露有小规模、地表呈圆形的流纹岩和花岗岩体;③塔班(Taban)群:陆相后造山磨拉石,由红色砂岩和砾岩组成;④科勒特(Kolente)群:主要由页岩组成,发育玄武质至安山质火山岩,并包含一套厚层砂岩和若干层冰山沉积物。

五、古生代沉积地层

古生代高原沉积主体分布在几内亚西部地区,以博韦盆地最为发育。这是一个缓倾斜的向斜盆地,其中含有丰富的奥陶纪到泥盆纪时期形成的岩层。位于博韦盆地的岩层以不整合的方式覆盖在太古宙岩层上方,以及几内亚-塞拉利昂边境一线沿线的罗克列德上方;在东北部凯杜古附近,这些岩层覆盖在古元古代比里姆基底的上方。几内亚西部古生代博韦盆地发育4个岩石地层单元,分别为新元古代至寒武纪法拉梅-法拉(Falemian-Falea)群、奥陶纪皮塔(Pita)群、志留纪特力美拉(Telimele)群和泥盆纪巴法塔(Bafata)群。法拉梅-法拉(Falemian-Falea)群位于盆地北部,其下部为冰碛岩,上部为砂岩、泥灰岩和石英岩。皮塔(Pita)群可分为下部金迪亚(Kindia)组和上部甘甘山(Mount Gangan)组,其中金迪亚(Kindia)组主要由冲积平原相白色含砾砂岩组成,甘甘山(Mount Gangan)组由含石英角砾砂岩、泥岩组成,不含化石。特力美拉(Telimele)群发育早志留世笔石,其下部为绿色、含硫化铁的泥岩、粉砂岩,已发现15个含笔石和微体化石群的化石层;上部下层为含腕足类砂岩,上层为含晚志留世至早泥盆世海相化石的黑色、灰色页岩。巴法塔(Bafata)群由下、中、上3个浅海相岩石单位组成:下部由砂岩夹泥质、粉砂质岩层组成,发育笔石和遗迹化石;中部为含笔石黄色厚层砂岩,向上过渡为含笔石粉红色粉砂岩;上部为含笔石泥岩和粉砂岩。博韦盆地西部滨海地区为南北向带状展布的新近纪海相和冲积相沉积岩(Steyn,2012)。

六、新生代滨海和冲积沉积

几内亚靠近大西洋沿岸主要为坳陷盆地,在新生代演变过程中,引起地表地貌巨变、沉积物沉积及残积物沉积。这些演变过程引发了3种原生矿物（铁矿、金矿和金刚石）的富集，此外还形成了规模巨大的铝土矿。几内亚矿产资源主要来源于新生代蚀变作用和机械沉积作用。

第三节 构造

几内亚地处西非克拉通，主构造线方向为北北西向、北西向、北东向，几内亚东南部构造发生变形，北西向至西芒杜断裂渐变为南北向、北东向构造。西芒杜断裂、宁巴山断裂一带产有世界型铁矿床，锡吉里盆地及外围区域大断裂构造一线是金矿的主要产出区域。

几内亚构造主要受利昂(Leonian，3.2～3.0Ga)、利比里亚(Liberian，2.9～2.8Ga)、埃布尼(Eburnean)造山作用以及泛非造山运动4次大的构造运动影响；利昂(Leonian)和利比里亚(Liberian)构造运动对太古宙克拉通陆核的影响极大，使岩石强烈变形变质。利比里亚运动后，太古宙陆核长期稳定，发育有巨厚的古元古界。埃布尼(Eburnean)运动使古元古界褶皱变质并逐渐稳定，与太古宙陆核拼接，构成西非克拉通。在新元古代，克拉通两侧发育有火山岩和沉积岩。新元古代末的泛非运动使之褶皱形成了泛非褶皱系。泛非运动后，整个西非处于稳定状态。显生宙以后，西非地区主要经受差异升降运动和断裂作用，导致沉积盆地的形成和发展。

一、太古宙利昂(Leonian)和利比里亚(Liberian)运动

始—古太古代时期，来自于洋底高原底部的玄武质地壳部分熔融形成古太古代陆核TTG片麻岩(3.5Ga)，由此构成了太古宙结晶基底的初始物质(Egal et al.，2002)。在中太古代时期(3.2～3.0Ga)，发生了利昂(Leonian)构造运动，自古老地壳重熔的中太古代片麻岩，即利昂火山-沉积旋回，可能存在3.3～3.1Ga和3.0～2.9Ga两个幕次，较年轻的一组常常含有3.2～3.1Ga继承锆石，表明是较老群组片麻岩重熔形成的(Kouamelan et al.，1994;Rollinson，2016)。

随后，在新太古代初期(3.0～2.8Ga)，西非克拉通发生了利比里亚(Liberian)造山运动，还伴有深源的成矿作用及花岗岩侵入，强烈的造山运动使得克拉通内部发生了强烈褶皱，此阶段形成了大量的绿岩带，以苏拉山(Sula Mountains)、尼米尼山(Nimini Hills)等绿岩带为代表，呈近南北向线状分布，为角闪-麻粒岩相变质，常包含条带状铁矿建造(BIF)，同时也是金矿重要围岩。此外，在2.8Ga左右，发生了利比里亚花岗-混合岩旋回，呈巨大的圆形到椭圆形裸露地表或者较小的花岗岩类侵入到表壳岩的边缘，岩性为花岗质斑岩或中粒黑云母花岗岩，含有继承锆石，可能是古老TTG片麻岩深部地壳熔融的产物。

二、古元古代埃布尼(Eburnean)造山作用

新太古代末—古元古代早期，由于克拉通内部裂解，随后洋底物质发生喷流，形成了一些初始的大洋岛弧岩浆岩。2.25～2.15Ga，大洋地壳开始发生俯冲，拉伸环境逐渐变为挤压，伴随有强烈的岩浆作用，此时形成的一系列变质火山岩和钠质花岗岩，代表地壳增厚、长英质岩浆活动增强；2.15～2.10Ga，与马恩古老地盾发生碰撞，标志进入埃布尼造山阶段，形成逆冲推覆构造带，同时区域性剪切作用形成数个以锡吉里为代表的沉积盆地；随后持续碰撞导致地壳增厚及马恩域东南部高压麻粒岩相变质，碰撞后的左行挤压导致约2.09Ga淡色花岗岩形成；埃布尼(Eburnean)造山运动期后(2.15～2.06Ga)，伸

展-挤压构造体制转换,伴随强烈挤压剪切、区域变质及岩浆活动等复杂过程,导致形成世界级的金矿富集区。

埃布尼(Eburnean)造山运动导致区域内北北西—南南东的萨桑德拉(Sassandra)断层形成,使得古老大陆东北部被切断,形成锡吉里盆地和利比里亚沉积陆台相对应的格局。在此期间,锡吉里盆地发生了与断裂构造有关的运动,导致了北西-南东向尼扬当山脉的形成。比里姆岩系沉积在北西-南东方向的挤压下发生褶皱,并形成北北东—南南西向的褶皱。该褶皱的强度各不相同,形成了单斜褶皱和等斜褶皱。在金蒂尼扬和迪迪地区,还形成了反极翼延伸,厚度达数百米。北西-南东向的挤压变形导致了萨桑德拉断层局部地区向倾向北北东方向旋转(Cohen and Gibbs,1988)。该时期造山运动形成的尼扬当山脉构造带上发育有Kiniéro金矿床。Kiniéro含金石英脉区(Gobélé)的围岩为北西-南东向的火山岩系,沿北东-南西方向延伸,与山体的区域延伸方向一致,与倾角北西-南东方向尼扬当山系形成一个角度。此外,锡吉里盆地还发现有金矿化脉和含金硫化物网状脉、含金长石网状脉、含金硫化物浸染状矿石(孙建虎等,2012;Juan,2012;Lebrun et al.,2017)。

三、新元古代泛非运动

650~620Ma,几内亚西部地区发生了泛非构造运动,代表着新元古代洋盆闭合和冈瓦纳大陆形成。泛非运动使几内亚的科勒特(Kolente)岩系和塞拉内昂的罗克列河(Riviere Rockel)组东部朝西变形,由此形成了举世闻名的泛非罗克列德构造带。强烈的挤压作用使得太古宙—元古宙的结晶基底形成了一系列的断裂构造,倾向北西,重要的特征是罗克列河组覆盖于太古宙结晶基底之上,并伴随有大量的岩浆活动(Villeneuve et al.,2015)。

第四节 岩浆活动

几内亚火山岩主要为新元古代和中生代的中基性岩类,侵入岩主要为太古宙、元古宙、古生代和中生代等多个序列的酸性、中基性及超基性岩类。

一、火山岩类

几内亚火山岩类分布面积较为集中。其中,古元古代比里姆岩系由黑色片岩、火山岩和化学沉积岩组成,属于火山-沉积岩系列,主体分布在几内亚的东北部地区。该地区的火山岩主要由细碧质岩、安山质岩及流纹质岩等构成。其中,安山质和流纹质岩类呈小透镜体状产出,主要为一套火山碎屑岩。此外,火山岩之间局部发育少量的变闪长岩化和蛇纹岩化等中基性侵入体。化学沉积岩主要为硅质和含锰质的泥岩,具细条带,呈暗色,部分还含有少量的碳质。在上比里姆岩系的绿岩带中,局部有少量的花岗岩及中酸性斑岩类侵入。比里姆岩系是锰和金的重要含矿层(Egal et al.,2002;Grenholm,2014)。

中生代喷出岩在几内亚分布较为广泛,岩性主要为一套中基性火山岩类或次火山岩类,包括玄武岩、金伯利岩等。其中,金伯利岩主要分布在几内亚的东南部地区。该地区的金伯利岩一般富含金刚石,但总体来说,金刚石的品位相对较高。在金刚石的重要产区以及金伯利岩分布密度较强的区域,金伯利岩脉的整体展布方向为近东西向,小岩筒截面一般呈椭圆形,其岩脉厚度较大(Afanasiev and Ashchepkov,2005)。

二、侵入岩

侵入岩在几内亚分布较为广泛，但又呈集中分布的特征。在形成时代上，主要以太古宙、古元古代以及中生代侵入岩出露最为广泛。其中，几内亚东南部和西南部地区发育了大量的太古宙花岗岩系列，包括条纹状片麻岩、花岗混合岩、花岗岩等，其中占支配地位的是花岗岩。东部地区既发育有大范围的花岗质侵入体，也发育有小面积的岩株、岩脉，以及少量的伟晶岩和细晶岩，它们与基底呈渐变接触关系。目前，几内亚马恩地盾中只有较大地体的入侵没有片理结构。整体而言，大多数岩体主要为混合岩化和重熔作用的产物。有限的研究揭示，以上岩体的年龄主要集中在 $3462\sim2793$ Ma(Thiéblemont et al.，2001，2004)。其中，最老的年龄主要是从位于几内亚东部拜尼恩（Banian）地区的二长花岗片麻岩的测年中得出。此外，几内亚地区还发现极少量的辉绿岩、辉长岩等基性、超基性侵入体，分布面积十分有限且后期遭受了强烈的变质作用。

在几内亚东北部锡吉里盆地中，大量的比里姆变质火山-沉积岩被古—中元古代花岗岩等侵入，花岗岩成片分布，其间有绿岩带发育。局部地区只发育花岗岩岩株，岩株周围都能见到中等强度的接触变质作用。新元古代以来，在泛非构造作用下，零星发育同构造（$589\sim570$ Ma）和后构造花岗岩。此外，北部的局部地区发育了花岗岩-镁铁质侵入体，岩石主要包括辉长岩、辉绿岩、花岗岩、花岗闪长岩、二长花岗岩等(Egal et al.，2002；尹艳广等，2020)。

中生代侵入岩分布广泛。这主要是由于在潘吉亚超大陆裂解早期阶段，大西洋初始裂开形成大西洋岩浆省（CAMP），导致地盾西部和南部发育大量中生代侏罗纪玄武质侵入岩。几内亚中生代的侵入岩主要表现为拉斑玄武岩的集合体，可以与东非大陆玄武岩覆盖层相类比。侵入岩体直径可达数千米，粗粒、蛇纹结构，由斜长石、橄榄岩、辉石、易变辉石以及数量不等的磁铁矿（含量最高可达5%）构成。此外，中生代闪长岩在几内亚分布广泛，在后构造时期高原地带和前寒武纪地区分布均很广泛，它们一般呈典型的板状结构。闪长岩呈近水平岩床状，厚达200m，板状延伸达30km；闪长岩墙厚达20m，长约3km。闪长岩中的主要矿物组成为斜长石和暗色矿物角闪石，其他如钾长石、石英含量相对较低，另可见少量的辉石、黑云母，磁铁矿主要为阶段性的次生矿物，偶有出现。

第三章 优势矿产资源及成矿作用

第一节 矿产资源概况

几内亚矿产资源品种多、储量大、分布广、开采价值高、开发潜力大，素有"地质奇迹"之称。铝土矿总资源量估计为 400 亿 t，占世界总量的 2/3，世界排名第一，其中已探明储量 74 亿 t(USGS，2021)；铁矿石总资源量为 199.47 亿 t，占世界总资源量的 2.5%，在西非盛产铁矿国家中总量排名第一；金刚石已探明储量为 4000 万 ct，预测储量可达 5 亿 ct；金预测资源量达 700t(表 3-1)。此外，几内亚还有镍矿约 18.5 万 t，铍矿约 7.6 万 t。在森几恩泽雷科雷、罗拉等地发现有石墨，在靠近科特迪瓦的超基性岩体内发现有红土型镍矿产出，在罗斯岛有伟晶岩，在基西杜古西部有红宝石、蓝宝石、绿宝石等。其他矿产如钴、铜、锌、银、铀等资源量尚未统计。总的来说，受限于基础设施，几内亚大部分的矿产尚未进行开发，许多矿产地的资源潜力评价还有待于进一步开展工作。

表 3-1 几内亚优势矿种资源储量规模特征

矿种	总资源量	全球排名	备注
铝土矿	400 亿 t	1	
铁矿	199.47 亿 t	—	
金矿	700t	—	
金刚石	4000 万 ct	—	

注：几内亚地矿部(资料来源于 https://mines.gov.gn/)。

第二节 优势矿产资源特征

一、铝土矿

几内亚是世界最大的铝土矿资源国(图 3-1)，预测铝土矿总量可能为 400 亿 t，其中已探明储量达 74 亿 t(USGS，2021)。铝土矿是几内亚最重要的矿产资源，也是其外汇收入的主要来源。几内亚现已成为世界第一大铝土矿出口国，也是仅次于澳大利亚的全球第二大铝土矿生产国，其 2020 年产量达 8240t。自 2017 年以来，几内亚超过澳大利亚成为中国最主要的铝土矿进口国。

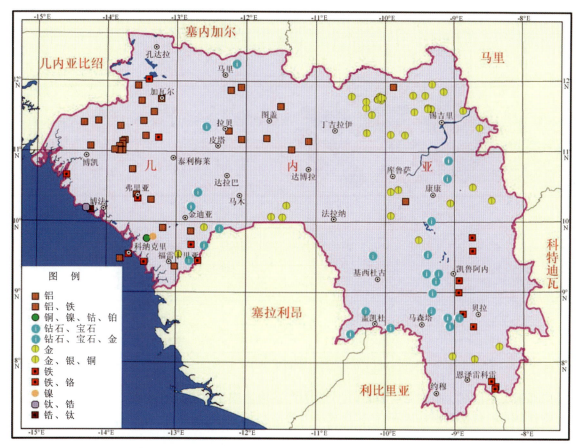

图3-1 几内亚矿产资源分布图(据Wright et al., 1985修改)

几内亚优质铝土矿主要产于西部和中部北纬10°～12°之间,包括下几内亚盆地及中几内亚部分地区(即巴图—丁吉拉伊—达博拉一线以西),铝土矿的产出明显受控于几内亚湾古—中生代的沉积盆地。铝土矿主要发育在低山或丘陵地区的山顶、坡度适中的山坡等新元古代、古生代和中生代岩石中,且具有800～1600m间距密集沟系分布条件的区域台地。这些区域温差大、雨量充沛、排水条件适宜,非常有利于铝土矿的形成,主要分布区域如下(图3-2)。

(1)下几内亚地区。下几内亚被认为是全国最好的铝土矿矿区,主要分布在博凯、弗里亚、金迪亚、博法等地区,储量约50亿t。

(2)中几内亚地区。中几内亚地区铝土矿主要分布在拉贝和加瓦尔地区,总储量超4亿t,品质优良。拉贝地区铝土矿中的主要成分:氧化铝46.7%,二氧化硅1.88%。加瓦尔地区铝土矿中的主要成分:氧化铝48.7%,二氧化硅2.1%。

(3)上几内亚地区。达博拉地区和图盖地区铝土矿总储量超过20亿t,其主要成分:氧化铝44.1%,二氧化硅2.6%。

几内亚铝土矿主要赋存于元古宙、古生代和中生代富铝硅酸盐岩中,其中以古生代—中生代最为特色。几内亚铝土矿的主要特点:①优质铝土矿主要分布在西北部的博凯和桑加雷迪地区,呈阶梯状,品位高达69%;②单个矿床规模较大,资源量一般在千万吨至几十亿吨;③矿体主要分布在铁硅铝质风化壳的中上部,矿层单一,层位稳定;④厚度3～9m,可露天开采,基本无需剥离非矿土;⑤品位高,氧化铝含量为45%～60%,二氧化硅含量1.0%～3.5%,属于在低温下易加工提炼的三水化合型矿物(张成学等,2015)。最近,Sidibe和Yalcin(2019)报道了金迪亚(Kindia)地区的巴拉亚铝土矿床,其铝土矿石保留有母岩的细层状构造,多孔、坚硬、呈棕色至红色,并发育因含铁形成的粉红色细条带,局部发育豆状铝土矿矿石,主要矿物为三水铝矿、针铁矿、氧化铝,包含少量的锐钛矿、金红石、水铝石和高岭土。

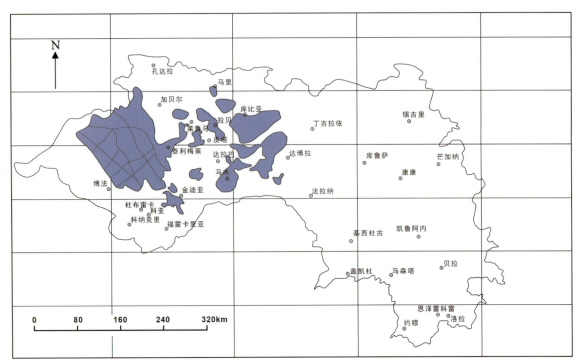

图 3-2 几内亚铝土矿分布图(资料来源于 https://mines.gov.gn/)

几内亚铝土矿以红土型铝土矿为主,几乎全为产在地表或地表附近的毯状矿床,红土型铝土矿母岩主要为酸性、中性、碱性硅酸盐岩石,往往形成于地势平整的高地,与热带、亚热带气候条件下大陆尺度的夷平面关系密切。矿床规模大、分布广、品位佳。矿体呈层状、斗篷状,其上常被土壤或红色、黄色含铁黏土覆盖,其下常为富含高岭石、埃洛石的黏土层及半风化基岩。矿石类型以三水铝石为主,含有少量的一水软铝石(徐宏伟和张先忠,2009);按照自然结构构造特征主要分为两种类型,赋存于地表铁矾土(铁帽)中的块状铝土矿及赋存于铁红土中的土状铝土矿。此类铝土矿具有矿石质量好、高铝硅比、埋藏浅、易于开采等优点,是铝工业的优质原料(张海坤等,2021)。几内亚铝土矿床自上而下多划分为 7 个岩性段,分别是铁矾土、铁红土、铁质黏土、黏土、粉砂质黏土、砂岩、基岩,部分矿床或矿段的岩性段有缺失。

二、铁矿

几内亚铁矿石资源非常丰富。据 2020 年几内亚国家地矿部的矿业资源统计报告,铁矿资源量可达 199.47 亿 t;而美国地质调查局估计为 60 亿 t,品位 64%~68%。几内亚有相当数量的富铁矿,品位大部分高达 56%~78%,可露天开采。

铁矿主要产于太古宙含矿建造中,以绿岩带中的含铁建造(BIF)最具特色,主要的矿床类型为 BIF 型铁矿。BIF 型铁矿床主要分布在几内亚东南部,集中分布于西芒杜山脉和宁巴山脉的绿岩带中。其中有相当数量的富铁矿,品位高达 56%~78%,可露天开采,包括举世闻名的西芒杜铁矿、宁巴铁矿及佐戈塔铁矿等。此外,还有科纳克里的卡鲁姆赤铁矿和福雷卡里亚的赤铁矿(估计储量 4 亿 t)。除上述较大型铁矿以外,在上几内亚法拉纳和卡里亚地区、中几内亚和森林几内亚还有一些品位略低的铁矿。

几内亚的铁矿床主要为红土型和 BIF 型两种类型。红土型铁矿床主要发育在科纳克里地区,形成于超镁铁质岩之上,矿层厚 8~10m,分布面积 175km²,矿层底板为粉状细粒红土(图 3-3)。BIF 型铁矿

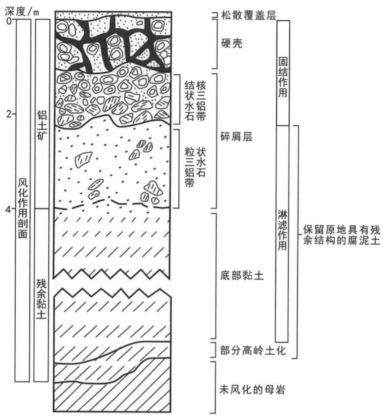

图 3-3 典型红土型铝土矿剖面图（据张海坤等，2021）

床主要分布在几内亚东南部地区西芒杜及宁巴山周围的太古宙岩石中，该山脉位于几内亚东部与利比里亚和科特迪瓦的交界处，最著名的矿床为西芒杜铁矿和宁巴山铁矿。

（1）西芒杜铁矿。1997 年，力拓公司（Rio Tinto）的子公司辛费尔公司（Simfer S. A.）首次发现几内亚西芒杜铁矿（Simandou）。西芒杜铁矿位于几内亚恩泽雷科雷大区贝拉、马森塔和凯鲁阿内省境内，距离首都科纳克里大约 650km 处的西芒杜山脉，核心矿区面积 738km²。西芒杜铁矿蕴藏着世界上最丰富的未开采的铁矿石，被国际矿业届业内人士誉为"尚未开发的、世界上储量最大、品质最高的铁矿"。西芒杜铁矿是世界级的大型优质露天赤铁矿，整体矿石品位 66%～67%，矿石品质居世界前列，其特点是储量大、品质高、矿体集中、埋藏浅、易开采。由于西芒杜具有极高的商业开采价值，一直以来是众多国际矿业巨头竞相争夺的"大蛋糕"（Cope et al.，2005）。

（2）宁巴铁矿。该矿区位于几内亚东南地区的森林几内亚地区、宁巴山脉（图 3-4），地处洛拉省境内，靠近几内亚与科特迪瓦和利比里亚的边境地区，距首都科纳克里 1000 多千米。宁巴铁矿主要分布在宁巴山绿岩带，宁巴山绿岩带由变质火山岩和变质沉积岩组成，厚达 1400m，长达 45km，横跨几内亚东南部和利比里亚北部，其中几内亚境内长约 20km。根据岩石组成的不同，宁巴山绿岩带可分为两个岩石单元，分别为下部由片麻岩、正角闪岩组成的耶科巴（Yekepa）群和上部的宁巴（Nimba）群。宁巴群是宁巴山绿岩带主要的赋矿层位，可进一步分为下部的砾岩层、中部的火山岩变质成矿区，可分为皮埃尔（Pierre）、桑佩雷（Sempéré）、萨岛（Château）和巨岩（Grands Rochers）4 个矿体。宁巴山矿区总储量约 20 亿 t，矿体长度 40km，矿石类型为赤铁矿、针铁矿，品位 60%～69%，已探明储量 5.6 亿 t。其中皮埃尔矿体品位 66.7% 以上的储量估计超过 3.5 亿 t，且矿体埋藏浅，平均剥离量为 0.6～1m，矿石松软，广泛露出地表。宁巴铁矿位于几内亚、利比里亚、科特迪瓦三国交界处，与利比里亚朗科矿业公司（LAMCO）开采的铁矿相邻（Beukes et al.，2003）。

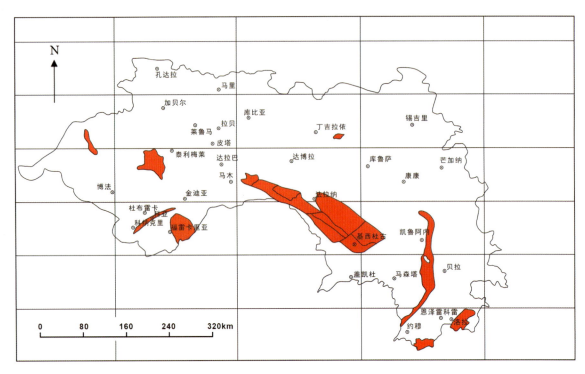

图 3-4　几内亚铁矿分布图(资料来源于 https://mines.gov.gn/)

(3)科纳克里的卡鲁姆铁矿(Kaloum)。该矿位于科纳克里市和内陆之间的整个卡鲁姆半岛上。1947年12月5日,法国、美国、英国合资的科纳克里矿业公司成立。该公司于1953年3月开始露天开采该铁矿,至1966年,平均年产80万 t 铁矿石,出口英国、德国和波兰,但后来由于多种原因矿山已关闭。

三、金矿

据 2018 年几内亚矿业统计报告,几内亚金储量达 637.4t,在各地都有分布,金矿资源最丰富的地区是上几内亚,尤其是在锡吉里盆地地区,包括锡吉里区、库鲁萨区、芒贾纳区、丁吉拉伊区和康康区。在马木和法拉纳间的飞塔坝,金迪亚专区东部的芒比亚、博科和塞拉—福雷地区,以及恩泽雷科雷地区的加马—卡拉那—约穆一带也有金矿存在(图 3-5)。

几内亚的金矿主要产于西非克拉通莱奥地盾比里姆岩系的绿岩带中,明显受控于古—中元古代埃布尼造山运动。金矿主要以砂金矿和岩金矿的产出为特点,砂金与岩金的关系密切,多位于造山带的形成盆地边缘。此外,在太古宙绿岩带中,也有少量金矿发现。

1. 太古宙金矿

在太古宙片麻岩内,金矿成矿类型为石英脉型或石英网脉型。达博拉地区的东南部有许多矿点,西芒杜山脉东侧的太古宙片麻岩中也有含金石英脉发育,西芒杜山脉东南部冲积层内的金矿相对较多,这表明片麻岩中金的矿化程度应该比较高(元春华等,2012)。

太古宙片麻岩内的金矿化期次不明,部分石英脉大约形成于埃布尼造山运动时期(图 3-5)。与宁巴山和西芒杜山脉晚太古代绿岩系铁英岩有关的金和硫化物的矿化作用尚未查明。

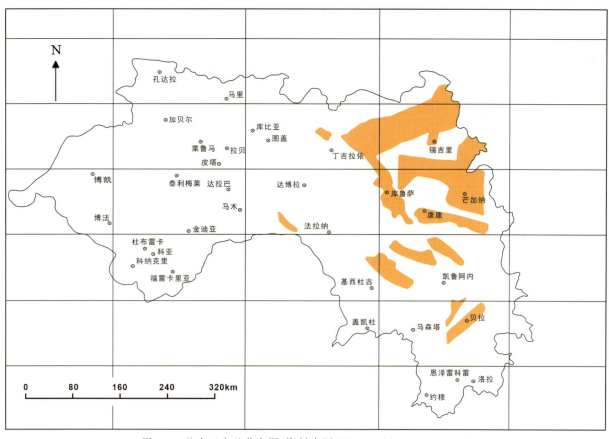

图 3-5 几内亚金矿分布图（资料来源于 https://mines.gov.gn/）

2. 古元古代金矿

丁吉拉伊、锡吉里和芒贾纳地区的大部分金矿点发育在比里姆岩系内。初步统计共有 92 个原生和风化残积型金矿，145 个砂金矿点和矿床，其中包括目前已经开采的或正在筹备开采的大型矿床。

比里姆岩系含金石英脉和石英网状脉较难评估，矿体多呈透镜体，赋存在埃布尼造山运动时期形成的一些复合剪切带，剪切带内的石英脉较破碎。部分原生矿脉在风化作用后富集，这类矿石能够露天开采，用堆浸方法选矿，其选矿成本较低。

3. 残积金矿和砂金矿

近年来，一些矿业公司通过现代勘探方法对几内亚的冲积型和残积型红土型矿床开展工作，取得了很多成果。

几内亚残积红土型矿床多呈椭圆形分布在红土和杂色黏土内。原生金矿位于含金矿脉和网状脉内。在物理和化学风化作用后，在地表水作用下，金矿在红土盖层下次生富集并形成矿床。

在几内亚的锡吉里和芒贾纳地区，民采砂金点广泛分布。据初步了解，几内亚每年手工砂金开采量超过 15t，除部分被几内亚央行收购外，多非法流向邻国马里等地区。

四、金刚石

据 2020 年几内亚地矿部统计，几内亚的金刚石资源量约 4000 万 ct，主要分布在几内亚南部和东部的凯鲁阿内、基西杜古和马森塔的巴乌雷、米洛和迪雅尼地区,几内亚西部也有金刚石分布(图3-6)。2018年几内亚工业开采的金刚石约1000ct。金刚石矿主要分布于西非克拉通马恩地盾,太古宙马恩地盾在中生代被裂陷开,有利于含金刚石的金伯利岩和钾镁煌斑岩的侵位。金伯利岩和钾镁煌斑岩是该区域原生金刚石的主要载体,也是冲积金刚石的源岩(Sutherland et al.,1993)。

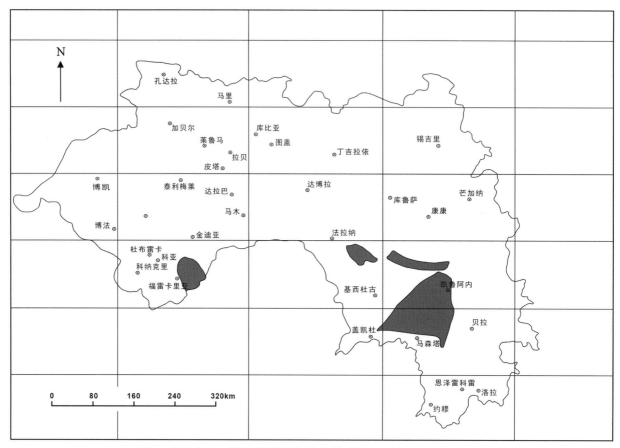

图3-6 几内亚金刚石分布图(资料来源于 https://mines.gov.gn/)

几内亚金刚石赋存于受深部裂隙系统控制的中生代金伯利岩墙和岩管中,有些富集在冲积和残积的砂矿中,主要类型有原生矿化型、金伯利型和砂积型。金刚石平均品位在 $0.12\sim 2ct/m^3$ 之间,45%～60%可以做加工首饰,25%～40%为工业用金刚石。

几内亚金刚石质地良好,是许多珠宝商品的重要原材料。金刚石年产量约74万ct,在非洲位列第四。

第三节 成矿区(带)划分

几内亚具有经济意义的矿产资源主要包括铝土矿、铁矿、金矿和金刚石(图3-7)。按照这些矿产出的地质背景和空间位置,初步总结其时空分布规律,并划分为以下几个成矿带。

一、中下几内亚(博凯-图盖)铝土矿成矿带

该成矿带位于几内亚西北部和北部地区,跨越了下几内亚和中几内亚部分地区,主要以博韦盆地最

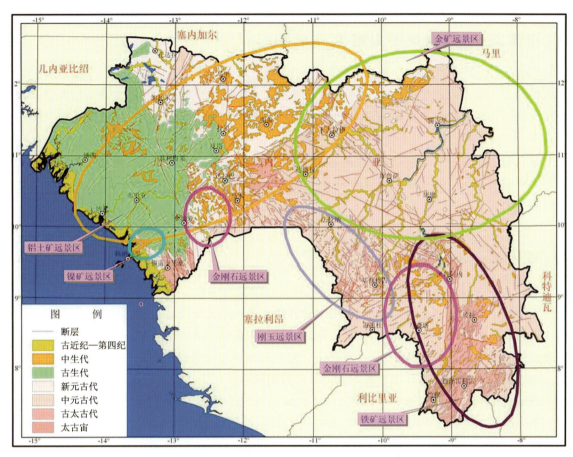

图 3-7　几内亚矿产资源远景区分布图（据元春华等，2012）

为特色，整体呈北东向展布，主要发育古—中生代各类沉积物。该成矿带是世界著名的铝土矿产地，具有规模大、质量优、易开采的特点。铝土矿的产出明显受控于几内亚湾古—中生代的沉积盆地。铝土矿主要发育在低山或丘陵地区的山顶、坡度适中的山坡等古中生代岩石中。该处聚集了多个世界铝土矿矿业巨头，包括美铝、几内亚铝土矿公司、俄铝、几内亚氧化铝公司、阿联酋环球铝业、赢联盟、中铝、阿鲁法矿业以及其他几十家企业。著名的矿床有博法铝土矿、博凯铝土矿、桑加雷迪铝土矿、图盖铝土矿等。铝土矿成因类型主要为红土型，少量为堆积型。

二、金迪亚-福雷卡里亚铝土金刚石铁成矿带

该成矿带位于几内亚西南部地区，整体呈北北西展布，与泛非期罗克列德构造带展布方向一致。在区域上，该区发育的一系列构造主要呈北北西向，因而在一定程度上控制了该带矿床的产出。该成矿带既发育了太古宙基底花岗岩类和片麻岩，还发育了新元古代的福雷卡里群片麻岩和云母片岩以及同构造及后构造花岗岩类。此外，该成矿带也包括少量中生代的玄武岩、安山岩、金伯利岩筒等。该带内发育了众多的铝土矿、金刚石以及少量的铁矿，著名的铝土矿有金迪亚铝土矿，目前为俄铝在几内亚全资拥有的年产能为 300 万 t 的铝土矿矿山。而金刚石则主要分布在靠近塞拉利昂的福雷卡里亚—穆萨亚一带，这些金刚石成因上主要与中生代的西非克拉通裂解作用产生的金伯利岩和钾镁煌斑岩等密切相关。此外，福雷卡里亚地区还发育了著名的福雷卡里亚铁矿。该铁矿成矿时期为太古宙，经过新元古代泛非作用的改造，其后在中新生代进一步被热液及风化淋滤作用改造，形成了当今的 BIF 型＋红土型铁矿。

三、卡里亚-法拉纳铁金金刚石成矿带

该成矿带位于几内亚南部地区，整体呈西西向展布，主要发育了部分太古宙基岩至长英质高级变质片麻岩和混合岩组成及由构造作用卷入的绿岩带，以及大量的古元古代变火山沉积岩系列及相应的绿岩带。其中，太古宙绿岩带为BIF型铁矿的主要赋矿层位，因而该带上发育较多的BIF型铁矿，比较著名的有卡里亚超大型BIF型铁矿，资源量达57.2亿t，为世界级铁矿。而古元古代比里姆岩中的绿岩带则发育了大量的金矿化。局部零星出露的中生代超基性岩及金伯利岩筒，则为金刚石矿床的产生提供了天然优势场所。

四、锡吉里金成矿带

该成矿带位于几内亚西北部地区，大地构造隶属西非克拉通之莱奥地盾，锡吉里盆地主要发育了古元古代比里姆纪陆源浊积岩和火山碎屑岩，夹泥岩、粉砂岩，碳质岩在整个地层中很常见，少量的灰岩和其他碳酸盐岩则集中于地层底部，大量的火成碎屑物与沉积层成局部互层产出，少量火山岩层在盆地南西部露出地表。锡吉里盆地岩石几乎都发生了绿片岩相的变质作用。锡吉里地区的地质构造主要为埃布尼(Eburnean)时期的变形构造，变形构造在盆地内呈不均匀分布，随地点不同而构造方向有大幅改变，锡吉里盆地中心主要发育有南—北、北东东—南西西、北西西—南东东、近东—西向4组线状构造，以北东东向最为醒目(陈志友，2016)。金矿类型主要为岩金矿和砂金矿。其中，岩金矿成因上以造山型为主，主要与古元古代埃布尼造山运动密切相关。金矿的产出多与大的绿岩带有关，往往位于变质沉积岩相和变质火山岩相的过渡位置。比较著名的矿床有锡吉里矿田、莱罗金矿、TORO金矿、尼亚加索拉(Niagasola)等。此外，盆地边缘分布有大量的民采砂金点。

五、西芒杜-宁巴铁金(镍)成矿带

该成矿带位于几内亚东南部地区，主要发育了太古宙马恩地盾古老岩石地层，包括基底片麻岩-混合岩类和变质表壳岩类。基底主要组成为以石英、长石、黑云母、角闪石为主的混合岩和片麻岩；闪长岩、英云闪长岩、花岗岩，占支配地位的花岗闪长岩。变质表壳岩：条带状含铁建造是该系中的特征岩相之一，通常见到的是含磁铁矿石英岩、含氧化铁带的绿岩等，经淋滤富集后的铁可达65%。该带内的绿岩带主体以宁巴山和西芒杜岩系为主，两者的形成时间也比较接近。两个岩体外壳沉积的变质程度不如其基底，宁巴山岩系的千枚岩受到高温角闪岩相变质作用影响；西芒杜岩系的千枚岩变质特点为绿片岩相，绿岩带中的变质火山岩和变质沉积岩包括斜角闪长岩、黑云母片岩、石英岩和带状铁矿石。区域构造由于受多期塑性变形的影响，区内发育了一系列由左型剪切压扭作用形成的近直立开阔等斜褶皱和向斜构造，展布方向为北—北东向的向斜构造控制。铁矿主要赋存于太古宙宁巴山和西芒杜绿岩带内，著名的矿床为西芒杜铁矿、宁巴铁矿等。此外，少量金矿也产于太古宙的绿岩带内，主要与利比里亚期(Liberien)的变质作用有关。

第四节 典型矿床特征

一、巴拉亚(Balaya)铝土矿床

巴拉亚(Balaya)铝土矿位于博韦盆地南部,矿化分布在相距约百米的南、北两个高地地表,海拔450~520m,中间以山谷相隔(图3-8)。矿区岩性自下而上依次为奥陶纪砂岩,志留纪泥岩和粉砂岩、风化壳。奥陶纪砂岩分布较广,岩性为发育交错或平行层理的细粒至粗粒砂岩。志留纪岩石分布因风化作用地表出露较少,仅见于局部地表铝土矿盖层剥蚀较深的地区。北部高地中部的岩芯显示,志留纪岩石自下而上依次为未受风化影响的原岩、薄层高岭土化泥岩和粉砂岩,向上逐渐过渡为黏土和红土型铝土矿(图3-8)。

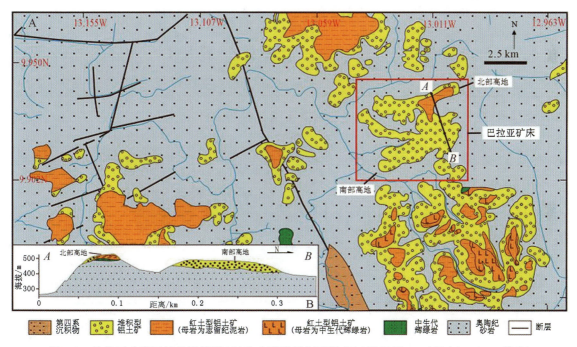

图3-8 巴拉亚矿床区域地质简图(A)和典型地质剖面图(B)(据Sidibe and Yalcin,2019修改)

地表铝土矿盖层厚1~20m,从铝土矿成因类型看,南部高地铝土矿为堆积型,即由先存红土型铝土矿经各种机械搬运作用异地堆积形成,而北部高地铝土矿既有堆积型,又有红土型。北部高地红土型铝土矿保留有母岩的细层状构造,多孔、坚硬,呈棕色至红色,并发育因含铁形成的粉红色细条带,局部发育豆状铝土矿石(图3-8)。与红土型铝土矿石相比,巴拉亚堆积型铝土矿石同样具有多孔、坚硬等特征,呈砾状或不规则状,颜色略有差别,为红色—浅粉色或浅红色—棕色(图3-8)。根据岩屑形状,铝土矿可分为角砾状和砾状—角砾状沉积型铝土矿。根据岩屑的结构和构造,铝土矿又可分为两种:一种岩屑继承了红土型铝土矿的结构构造,呈薄层状;另外一种呈胶状、形成致密的铝土矿和铁氧化物。从矿物组成上看,红土型铝土矿和堆积型铝土矿基本一致,主要矿物为三水铝矿、针铁矿、氧化铝,包含少量的锐钛矿、金红石、水铝石和高岭土。在地球化学特征方面,巴拉亚铝土矿石主量元素含量差别较大,含Al_2O_3为49.70%~61.00%、SiO_2为0.30%~5.00%、Fe_2O_3为1.60%~19.00%、TiO_2为1.71%~

3.70%，Na_2O、K_2O、CaO、MgO 含量均小于 0.05%。在微量元素含量方面，Cr、Ga、Nb、Th、V、Zr、Y、La、Ce、Nd 等元素相对其他微量元素含量较高。微量元素及岩石结构、构造对比分析表明，巴拉亚堆积型铝土矿和红土型铝土矿成矿母岩一致，均为位于铝土矿之下的志留纪泥岩，其演化过程为泥岩→高岭土化。

二、西芒杜铁矿

西芒杜铁矿可分为南、北两段：北段包括 1 号、2 号两个区块和一个规模相对较小的佐格塔铁矿（Zogota）；南段包括 3 号、4 号两个区块。整个西芒杜地区至少有 5 个区块，南、北两段的铁矿总资源量都在 20 亿 t 以上，并且该矿区目前的勘查程度仍不高，其外围和深部还有很大的找矿潜力（图 3-9）。

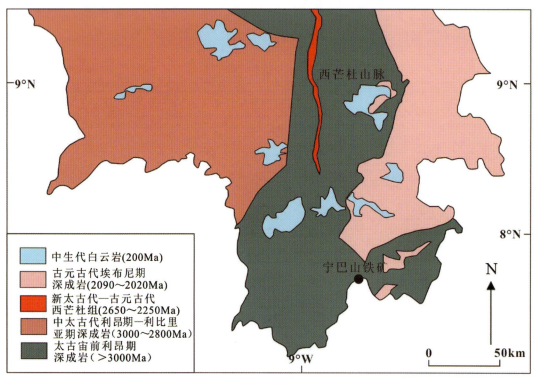

图 3-9　西芒杜铁矿区域地质草图（据 Cope et al.，2005 修改）

自 1997 发现至 2008 年，力拓公司在西芒杜铁矿地区几乎维持原样。几内亚政府对力拓公司占有矿权而不作为十分不满，以"未尽其所能开采"为由，将西芒杜北段（1、2 号区块和佐格塔铁矿）的采矿权收回，并将其出售给以色列钻石大亨贝尼·斯坦梅茨（Beny Steinmetz）所属的 BSG 资源公司，由此引发了西芒杜铁矿北段长达 10 余年的权属纠纷。2019 年 2 月，在法国前总统萨科齐的调解下，BSG 资源公司同意放弃西芒杜铁矿项目的 1、2 号区块；几内亚政府也结束了对 BSG 资源公司的贿赂指控和法律诉讼。2020 年 6 月，赢联盟与几内亚政府正式签署协议。根据协议，几内亚政府占西芒杜北段 1、2 号区块 15% 的干股，赢联盟占 85% 的股份。相对于西芒杜铁矿北段复杂的权属纠纷，南段 3、4 号区块的权属关系比较简单，两个区块一直由力拓公司控制。2016 年 11 月，力拓持有的约 45% 的股份以 11 亿～13 亿美元的价格卖给中铝公司。目前，西芒杜铁矿南段的股权情况是力拓公司 45%，中铝公司 40%，几内亚政府 15%。

西芒杜铁矿主要赋存于新太古代西芒杜组绿岩带，该绿岩带主要由铁英岩和千枚岩组成，下伏基底则主要为片岩和角闪岩，受强烈风化作用的影响，仅在铁英岩和千枚岩之间存在明显界线，而二者内部层序难以辨识。铁英岩的表生富集对这一地区 BIF 型铁矿的形成具有重要作用（Herrington et al.，2008）。由于受多期塑性变形的影响，区内发育了一系列由左型剪切压扭作用形成的近直立开阔等斜褶皱和向斜构造，而绿岩带主要受北—北东向的向斜构造控制。此外，在矿区周边，还存在大量的太古宙深成侵入岩。自太古宙以来，该区经历了多期强烈的变质作用，多属绿帘石—角闪岩相。

矿体呈南北向展布，长达数十米到近百千米，沉积厚度 1~400m 之间变化不等。矿石矿物主要为赤铁矿、假象赤铁矿、针铁矿及磁铁矿等。由于受后期风化淋滤及构造热液等改造作用，矿体自上而下具有明显的分带特征：①顶部 BIF：风化壳型矿石带，由针铁矿、赤铁矿（磁铁矿）组成，品位多大于 65%；②中部 BIF：孔状、粉末状矿石带，由赤铁矿—磁铁矿—石英组成，品位多大于 60%；③下部 BIF：含硅矿石带，假象赤铁矿石英岩带。由于受褶皱控制，高品位矿石带具有穿层特征，一般位于山顶，向下延伸可超过 400m，矿石矿物主要有赤铁矿、假象赤铁矿和针铁矿等。矿化带自上而下表现出明显的过渡特征，依次为高品位矿石—较破碎的富集铁英岩—较破碎的未富集铁英岩—原生铁英岩（图 3-10）。

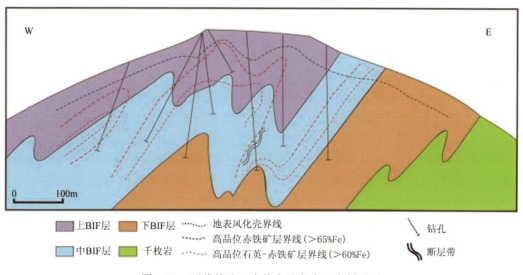

图 3-10 西芒杜矿田皮德丰矿段东西向剖面图

（据 Herrington et al.，2008 修改）

在矿物组成方面，较新鲜 BIF 建造中的主要铁氧化物包括磁铁矿、赤铁矿/假象赤铁矿，并含有重结晶微晶石英颗粒，其他硅酸盐矿物较少，未见碳酸盐矿物。微晶石英和颗粒相对较大的石英具有锯齿状结晶边界，石英脉普遍被粗粒（>100μm）石英充填，具有光滑或不明显的锯齿形结晶面。高品位矿石几乎完全由赤铁矿构成（图 3-11）。

（a）赤铁矿-针铁矿矿石

（b）磁铁矿-赤铁矿-石英岩矿石

图 3-11 西芒杜铁矿矿石样品照片

三、锡吉里(Siguiri)金矿田

锡吉里金矿田位于锡吉里(Siguiri)盆地北部,向南距几内亚康康省(Kankan)省会康康市约150km,面积约1 494.5km²,是一世界级造山型金矿产区,已累计生产超过180t黄金。矿田内已发现11处矿床,规模较大的有5处,包括萨努丁迪(Sanu Tinti)、比迪尼(Bidini)、卡密(Kami)、考斯瑟(Kosise)、斯托考PB1(Sintroko PB1)。该矿田权益的85%归南非盎格鲁矿业公司(Anglo Gold Ashanti Limited)所有,其余归几内亚政府。据南非盎格鲁矿业公司2021年2月发布的矿业报告,截至2020年底,锡吉里金矿田矿石资源量达264.2亿t,平均品位0.97g/t,金属量256.27t。矿山1998年投入生产运营,目前共有4个矿区,1区为主采区,2020年产金约7.2t,1区和2区外围仍在进行大量的勘探工作。

锡吉里金矿田大地构造位置位于古元古代莱奥地盾西北部,区内主要有3个地层单元,自下而上依次为Sanu Tinti(萨努提尼)组、Fatoya(法土亚)组和Kintinian(肯提尼亚)组(图3-12)。Sanu Tinti组由薄层的蚀变页岩、粉砂岩、硬砂岩组成;Fatoya组由较厚层中粒至粗粒硬砂岩组成,向上变为粉砂岩和页岩;Kintinian组为块状暗绿色页岩,夹有几厘米厚的灰岩,底部是一套具有碎屑支撑结构的砾岩层。区内构造-地层的走向在南部以近南北向为主,在北部以北西-南东向为主。目前已识别出至少3期变形事件:第一期为南北向挤压作用,形成小型褶皱;第二期为规模最大的变形事件,北东东—南西西向挤压作用导致区域性南北向构造格架;第三期为北东-南西向挤压作用,导致前期构造再次发生褶皱作用(Lebrun et al.,2016,2017)。矿区内矿化类型包括原生脉型和次生风化型。原生脉型矿化主要发育在石英脉中,以北东走向为主,近直立。区内已识别出两种类型的原生矿化。第一种矿化发育钠长石化、碳酸盐化,形成碳酸盐-黄铁矿脉,载金矿物为黄铁矿。第二种矿化形成自然金,发育在北东东—南西西向石英脉中,脉体外围有碳酸盐岩镶边,并穿切石英-碳酸盐脉。

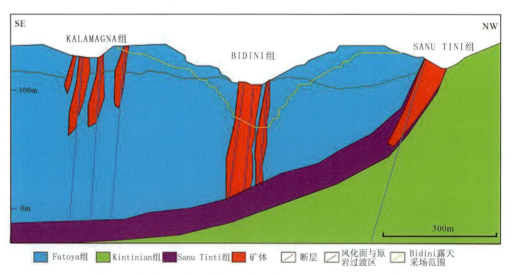

图3-12 锡吉里金矿田剖面示意图(据Lebrun et al.,2017修改)

第五节 成矿作用

1. 铝土矿成矿作用

几内亚拥有全球1/3的铝土矿资源,主要具有以下特征:矿体主要分布在铁硅铝质风化壳的中

上部,矿层单一,层位稳定;厚度3~9m,可露天开采,基本无需剥离非矿土;矿石品位高,氧化铝含量45%~60%,二氧化硅含量1%~3.5%;属于在低温下易加工提炼的三水化合型矿物;矿产贮藏集中,一般一个矿点的资源量都在几百万吨至几十亿吨;分布呈阶梯状,西北博凯、桑加雷迪为最优质铝土矿矿区,矿石品位高达65%~69%。

几内亚超大规模的铝土矿为地质历史时期区域构造、成矿母岩、气候条件、地形地貌和水文条件等多种因素耦合作用的结果(张海坤等,2021)。

(1)区域构造。红土型铝土矿为表生成因,一般形成于稳定的大陆环境,如澳大利亚、巴西、印度等。几内亚所在的西非克拉通地区发育面积广阔的前寒武纪结晶基底(约450万 km^2),自1700 Ma前就处于较为稳定的状态,仅在克拉通边缘发育以泛非期为主的活动带,为铝土矿长期稳定堆积和保存提供了有利的构造环境。另外,北北东向主断层(断裂)和北西向展布的次级断层(断裂)大大改善了这一地区的地表渗流条件,加快了成矿母岩的风化过程。

(2)成矿母岩。作为红土型铝土矿成矿物质的来源,成矿母岩的性质直接决定着矿石质量和矿床规模。几内亚红土型铝土矿的成矿母岩主要为中生代基性火山岩,如粒玄岩、玄武质凝灰岩、玄武岩和粗玄岩等。在风化作用下,这些基性火山岩易形成大量裂隙,并随着大气降水淋滤作用的由强到弱,Si、Ca、Mg等元素逐渐迁移,而表现出分层特征,从地表向下依次形成铁帽层、红土层、铁质黏土层、粉砂质黏土层,其中铁帽层和红土层的三水铝石含量较高,含量分别可达25.0%~58.0%和18.0%~40.0%。另外,已有的勘探实践表明,成矿母岩为基性岩浆岩的则矿体较好,而成矿母岩为沉积岩的则矿体较差。

(3)气候条件。气候条件(尤其是高温和强降水量)是形成大规模铝土矿的决定性因素之一。从世界范围看,红土型铝土矿主要分布在南、北纬0°~30°之间的热带与亚热带地区,如非洲西部、南美洲北部、印度、东南亚及澳大利亚北部和西南部。一般认为,年平均气温不低于20℃、年降雨量不小于1500mm的气候条件是最有利于形成红土型铝土矿。几内亚地处赤道附近的低纬度(北纬10°30′~11°15′)地区,为热带雨林气候,终年高温多雨,年平均气温为24~32℃,年均降水量达3000mm。一般认为,较高的温度有利于成矿母岩发生风化,提高岩石渗透率和SiO_2的溶解度,而充沛的降雨量则会促进淋滤作用,使Si、Ca、Mg等有害元素迁移出去。

(4)地形地貌与水文条件。地形地貌和水文条件直接影响红土化作用的强度,进而控制红土型铝土矿的质量和规模。前人研究表明,红土型铝土矿主要分布在坡度为3°~15°的地势平缓的台地,并以5°~10°最佳。这种地势条件下,地表水、地下水下渗的径流速度适中,有利于对各种有害成分的淋滤和铁铝成分的积聚,有利于形成规模大、品位高的红土型铝土矿床。而坡度过大,大气降水下渗就会减少,地下潜水径流较快,淋滤作用有限;坡度过小,受地表致密铁帽的影响,大气降水下渗和泄水条件受限,形成的铝土矿规模较小,质量较差。总体上看,几内亚有经济价值的铝土矿床普遍位于海拔较高、坡度适中的宽缓台地,如拉贝高原中部的图古矿床海拔为1200m,博凯地区的弗里亚矿床海拔超过300m。

二、铁矿成矿作用

几内亚拥有世界上规模最大的未开发BIF型铁矿资源,是近年国际铁矿石市场关注的热点(Hagemann et al.,2016;Johnston,2017)。几内亚BIF型铁矿主要分布在宁巴山和西芒杜两条绿岩带上。宁巴山绿岩带由变质火山岩和变质沉积岩组成,厚达1400m,长达45km,横跨几内亚东南部和利比里亚北部,其中几内亚境内长约20km(Berge,1974)。根据岩石组成的不同,宁巴山绿岩带可分为两个岩石单元,分别为下部由片麻岩、正角闪岩组成的耶科巴(Yekepa)群和上部的宁巴(Nimba)群。宁巴群是宁巴山绿岩带主要的赋矿层位,可进一步分为下部的砾岩层、中部的火山岩变质成因角闪石片岩和上部的千枚岩、铁英岩和铁矿石等沉积建造。耶科巴(Yekepa)群和宁巴(Nimba)群的界线为一区域性不整合面,该不整合面在西芒杜地区也有出现。宁巴山绿岩带在采的一个主矿体拥有1.5亿t高品位铁矿石,品位达66%~68%,厚250~300m,长约800m,深约670m。矿体的形成是铁英岩在变质作用过程中遭受蚀变发生富集的结果。

西芒杜绿岩带位于宁巴山绿岩带以北约100km处,南北延伸达115km,蕴含铁矿石资源量约27.6亿t(65.5%Fe),受多期塑性变形的影响,普遍发育紧闭向斜和剪切背斜褶皱。西芒杜绿岩带由铁英岩和千枚岩组成,下伏基底为片岩和角闪岩。铁英岩的表生富集对这一地区BIF型铁矿的形成具有重要作用(Markwitz et al.,2016),高品位矿化一般位于山顶,向下延伸可超过400m,矿石矿物主要有赤铁矿、假象赤铁矿和针铁矿等。矿化带自上而下表现出明显的过渡特征,依次为高品位矿石—较破碎的富集铁英岩—较破碎的未富集铁英岩—原生铁英岩。

前人研究表明,几内亚BIF型铁矿的形成先后经历了漫长的沉积—变质/变形—风化富集作用。太古宙—古元古代早期,全球尚未发生大氧化事件(Great Oxidation Event),大气和海洋系统为缺氧状态,几内亚东北部地区处于被动陆缘深水环境,接受了大量还原性含铁沉积物,经埋藏压实初步形成含铁建造。古元古代早中期,在埃布尼(Eburnean)造山作用影响下,这一地区遭受剪切和挤压变形及角闪岩相、绿片岩相变质作用,伴随有磁铁矿的结晶和增生及赤铁矿的形成。古元古代晚期,在造山伸展垮塌或热事件驱动下,形成热液循环系统,伴随含铁矿物的活化、沉淀及硅的流失,形成叶片状赤铁矿。新元古代,受泛非运动影响,发生构造活化和脆性形变,在构造边界处形成针状赤铁矿。在此之后,这一地区发生区域性构造隆升,在地表风化作用下,发生硅的流失,并形成大量镜铁矿,含铁建造进一步富集成矿。

三、金矿成矿作用

几内亚金矿以造山型金矿为主,是西非克拉通大规模金成矿作用的一部分(江思宏等,2020)。它总体上具有以下特征:①普遍存在热液蚀变现象,主要有硅化、黄铁矿化、碳酸盐化等,对金矿化具有指示意义;②矿化伴随Ag、Au、As、Bi、S(Sb)、Te、W等元素的富集;③存在多期热液活动,导致多次金矿成矿作用;④矿化主要发育在砂岩/硬砂岩等能干岩层中;⑤矿脉走向较为一致,普遍为北东向,表现出明显的构造控矿特征。

从成矿时代看,西非克拉通造山型金矿普遍形成于埃布尼(Eburnean)造山运动时期(2160~2060Ma),并以该造山运动晚期形成的金矿数量最多、规模最大。Lebrun等(2016)通过对几内亚锡吉里矿田内含矿沉积岩中碎屑锆石和后期火山角砾岩中岩浆锆石的年龄测定,将含矿沉积岩的年龄限定为2124~2089Ma,即为埃布尼(Eburnean)造山运动晚期盆地沉积的产物。Lebrunet等(2017)根据几内亚、马里、加纳等西非国家境内造山型金矿产出构造和年代学研究,提出西非克拉通存在两期金成矿作用,分别发生在2102~2085Ma(第一期)和2085~2054Ma(第二期),并认为几内亚造山型金矿主要形成于第一期。

从成矿空间上看,几内亚造山型金矿明显受构造和岩性控制。虽然区域地层和构造走向有一定变化,但矿脉走向较为一致,普遍为北东向。矿化一般发育在近直立的南北向推覆构造、北东-南西向右型剪切带、与第二期变形事件有关的北东东—南西西向左型断层中。这种构造控矿特征反映了盆地形成初期区域性基底构造对形成几内亚造山型金矿的重要作用。北西西—南东东向、南北向和北东-南西向断层控制了锡吉里盆地的早期格架,不仅决定了沉积建造的厚度、形态,也是深源流体运移、汇聚的通道。除锡几里矿田外,锡几里盆地中其他规模相对较小矿床如Léro、Jean et Gobelé、Kalana等也均位于断层交会部位。在赋矿层位上,虽然矿化在区内3个地层单元均有分布,但以Fatoya组最为丰富,主要发育在砂岩/硬砂岩等能干性岩层中。这些能干性岩层为局部膨大、矿质沉淀、矿脉形成提供了有利空间。在一些矿床中,矿化集中分布在裂隙发育的较粗粒岩石单元中。

第四章 矿业开发现状

第一节 矿产勘查与开发

几内亚矿产资源的整体勘查程度相对较低。在矿产勘查工作方面,最早由苏联地质调查队伍对金矿和金刚石前期勘探调查的成果进行过综合整理。1963年,任命组成 ZOUBAM RFV PISSEMSEF 地质调查队,进行普查工作。

1988—1989年间,加拿大 SIDAMMAINOEX 调查队曾对几内亚金矿和金刚石做过普查工作。

1983年,法国地调局(BRGM)编制了矿产图。

1994年,必和必拓公司(BHP)对几内亚东北金矿床开展过一定的普查工作。

1995年,几内亚地矿部(MIGA)对几内亚矿产概况和矿山等做过调查。

截至2018年10月,几内亚共有55家公司从事铝土矿的勘查和开发工作;193家公司从事金矿的勘查工作,3家从事金矿的开发工作;9家公司从事铁矿的勘探和研究工作,累计授权和更新延续了609份铁矿、铝土矿、金矿以及金刚石矿权证(图4-1)。

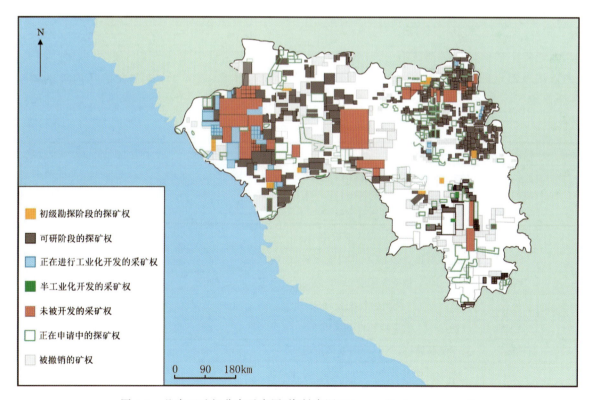

图 4-1 几内亚矿权分布示意图(资料来源于 https://mines.gov.gn/)

几内亚矿产资源的开发程度也相对较低，目前只有铝土矿和金矿进行了规模化的工业开采；尽管铁矿的开发已经规划了多年，但迄今尚未进行开发，金刚石目前只是以小规模的手工开采为主，产量十分有限。几内亚目前绝大多数矿业开发的控制权掌握在来自欧美、俄罗斯、阿联酋、南非等大型矿业公司的手中。

近年来，几内亚铝土矿产量和出口量逐年提高，产量从2015年的2100万t增至2020年的8800万t，出口量从2015年的2000万t增至2020年的8200万t，成为世界铝土矿市场的重要组成部分。2019年底爆发并蔓延全球的新型冠状病毒肺炎疫情并未影响几内亚的铝土矿开采，2020年铝土矿产量同比增加约25.7%。根据世界银行的2019年排名，几内亚已成为全球第二大铝土矿生产国，仅次于澳大利亚，中国退居第三。2018年几内亚工业化开采黄金产量14.7t，较2017年降低了20%，手工开采约10.1t。金矿开采集中在锡吉里盆地。2019年由于企业停产等原因，1~9月份累计生产黄金9.17t，出口9.50t（表4-1）。

表4-1 2012—2018年几内亚主要矿种产量表

矿种	单位	2012年	2013年	2014年	2015年	2016年	2017年	2018年
铝土矿	万t	1613	1661	2029	2090	3242	5170	5957
工业金	t	16.2	18.3	23.5	21.5	15.6	18.3	14.7
手工采金	t	4.6	6.3	8.3	2.6	13.6	28.5	11.1
金刚石	ct	9900	8500	4400	11 600	11 500	1900	1000
花岗岩	万m³	27.55	29.49	163.71	26.57	16.27	50.03	56.8

注：资料来源于几内亚国家统计部（http://www.stat~guinee.org/）。

一、铝土矿开发

几内亚铝土矿储量位居全球第一，且现已超过澳大利亚成为世界第一大铝土矿出口国。统计发现在几内亚从事铝土矿开发的企业中，已投产的矿山企业共有8家（表4-2），集中在下几内亚的博凯、博法、金迪亚地区。

表4-2 在几内亚实际投产开发铝土矿的矿业公司

序号	矿区名称	权益归属	储量/亿t	平均品位/%	2020年产量/万t
1	桑加雷迪	CBG公司100%控股[几内亚政府(49%)、力拓集团(23%)、美铝(14%)、澳大利亚氧化铝公司(9%)]	74	46.5	1650
2	博法	中铝(85%)、几内亚政府(15%)	18	39.1	699
3	甸-甸	俄罗斯铝业(90%)、几内亚政府(10%)	6.9	—	307
4	瑞迪亚	俄罗斯铝业(100%)	3.2	—	140
5	贝拉	英国阿鲁法公司	1.5	44.4	665
6	金迪亚	俄罗斯铝业(100%)	0.7	—	290
7	博凯	赢联盟(85%)、几内亚政府(15%)	6.2	>50	3273
8	GAC	几内亚铝业公司100%控股(必和必拓全球氧化铝国际有限公司和阿联酋迪拜铝业公司三方控股)	5.3	37.7	1007

中几内亚的拉贝地区、加瓦尔地区及上几内亚的达博拉地区和图盖地区也赋存有一定量的铝土矿资源,但由于远离港口,交通运输成本和建设成本极高使得该地区的铝土矿开发相对滞后。随着几内亚铁路建设的进程,这些地区的铝土矿开发将逐步成为现实。

二、铁矿勘查与开发

铁矿作为几内亚最重要的矿产之一,目前却没有正式规模化开发投产,主要原因是缺少配套的基础设施,尤其是缺乏影响铁矿运输的铁路。其中,宁巴山和西芒杜铁矿区位于几内亚内陆,远离出海口,由于几内亚铁路运输基础设施薄弱,邻国利比里亚的铁路和港口设施又因内战被毁坏无法利用,致使矿产品运输成为铁矿开发项目启动的最大难题。尽管力拓等公司先后拿下了铁矿采矿权,但是考虑到前期投入资金过高,周期太长。因而,几内亚几个已被授予采矿权证的铁矿石项目均陷入暂时搁置的状态。然而,2019年11月,赢联盟以150亿美元拿下西芒杜1号、2号区块采矿权。2020年6月,赢联盟与几内亚政府正式签署协议:几内亚政府15%干股,赢联盟占85%股份,并承诺修建一条长约650km的铁路和一个深水港,计划2025年投产建成。目前,地质勘查及铁路港口等工作全面铺开。几内亚政府计划开采的铁矿主要有3个:宁巴铁矿、西芒杜铁矿1号和2号区块及佐格塔铁矿(ZOGOTA)。

1. 宁巴铁矿

2003年4月25日,欧洲宁巴公司与几内亚地矿部签署了关于开采宁巴铁矿的《矿业协议》。在几内亚注册了成立几内亚法人企业的"几内亚宁巴铁矿公司"。根据2003年签署的《矿业协议》,开采宁巴铁矿,其基础设施必须全部建在几内亚境内。由于基础设施投资额巨大,欧洲宁巴公司一直未实质性启动该项目。

2018年3月,几内亚地矿部同意宁巴铁矿可以途径利比里亚出口。2019年8月,美国HPX集团(High Power Exploration,HPX)购买了法国ORANO公司、澳大利亚必和必拓矿业集团BHP、美国NEWMONT GOLDCORP公司共3家企业在宁巴铁矿的全部股权,持股比例达到90%,其余10%股份为几内亚政府干股。

2019年9月5日,几内亚地矿部与美国HPX公司重新修订签署宁巴铁矿的《矿业协议》。新修订的《矿业协议》核心条款如下:①几内亚政府免费获得10%的干股且这10%的干股不得被稀释;②几内亚政府在宁巴铁矿公司董事会中占有2个席位;③减少、取消了部分税费优惠待遇;④享受税费优惠的期限缩短至15年;⑤宁巴铁矿开采的铁矿石将途经利比里亚港口出口,作为补偿,几内亚政府将收取附加的资源税。每吨铁矿石将收取的附加资源税为0.825美元至2美元之间,即最低0.825美元,最高2美元。计算标准取决于国际市场铁矿石价格,根据国际市场铁矿石价格的浮动变化而调整。

2019年12月3日,几内亚国民议会审议批准了宁巴铁矿项目的《矿业协议》。

2. 西芒杜铁矿

西芒杜铁矿,可分成1号、2号、3号、4号共4个区块,1号和2号区块目前由赢联盟的SMB公司中标取得开采权;而3号和4号区块的采矿证则由力拓(45%)、中铝(40%)组成的合资公司持有,几内亚政府在该合资公司中持有15%的干股。

力拓矿业集团(Rio Tinto)1997年获得西芒杜铁矿勘探权,1998年在几内亚成立公司,1997—2000年间,力拓矿业集团通过勘探发现该地蕴藏大量铁矿。仅Pic de Fon一处(大约占115km矿脉中的7km)就有超过12亿t含量为65%~68%的富铁矿。2002年11月26日,几内亚政府授予力拓子公司SIM-FER特许权证,允许其开采西芒杜铁矿,该权证于2003年2月3日批准生效。2003年力拓集团签署西芒杜铁矿开发协议。

2008年,力拓集团在西芒杜铁矿1号和2号区块的开采权被几内亚政府收回。这部分存在争议的开发权转而被以色列BSG集团获得。

2010年5月,巴西淡水河谷(VALE)出资25亿美元,收购总部位于英国的BSG资源有限公司(下称BSG)51%的股份,获得西芒杜铁矿南部佐格塔铁矿以及西芒杜铁矿北1号和2号的经营权和勘探权。

2014年4月,几内亚政府宣布取消此前对BSG集团的采矿权授权。2014年5月,BSG集团立即对几内亚政府的决定提出了反诉,向国际投资争端解决中心(ICSID)提出仲裁。

2019年3月初,几内亚政府终于顺利收回西芒杜铁矿1号和2号区块,并与以色列BSG集团达成和解协议。

2019年11月13日,几内亚地矿部向赢联盟颁发《中标通知书》,赢联盟获得了西芒杜铁矿1号、2号区块的开发权,按照协议内容,赢联盟将建设港口和672km的铁路。

2020年9月,西芒杜赢联盟与华北地质勘查局集团签署《几内亚西芒杜铁矿战略合作协议暨勘探合同》,随即华北地质勘查局下属地质队驻扎几内亚,正式开工。2020年10月,赢联盟举行几内亚西芒杜铁矿项目港口奠基仪式。2020年11月,西芒杜矿山工程设计遴选会在北京举行。2020年11月12日赢联盟西芒杜1号、2号矿块铁路和港口公约同时正式签署,为赢联盟西芒杜项目的全面推进奠定了坚实的基础,承诺2025年正式投产。

自2018年下半年以来,力拓集团考虑重新启动西芒杜3号、4号铁矿项目,任命西芒杜铁矿项目总经理,并邀请几内亚地矿部长马加苏巴数次前往法国巴黎,研究讨论开发西芒杜铁矿新的方案,聘请一家专业的咨询公司,共同研究论证西芒杜铁矿的商业开发模式、评估商业前景和风险,制订新的开发方案。但是,目前各项工作未全面铺开。

3. 佐格塔(Zogota)铁矿

佐格塔铁矿原先为以色列BSG集团所有,2010年巴西淡水河谷收购其51%股份,项目因几内亚政府收回授权而陷入争议之中。

2019年3月,几内亚政府与BSG集团达成和解协议,并为总部位于英国伦敦尼龙金属公司(Niron-Metals)与几内亚政府成为友好合作伙伴打下了基础。

2019年,尼龙金属公司宣布计划开采几内亚佐格塔(Zogota)铁矿,公司已经达成通过利比里亚港口出口铁矿石的协议。

未来,佐格塔铁矿预计可年产铁矿石200万t,并通过邻国利比里亚的铁路运输至港口出口。

三、金矿开发

早在5世纪,几内亚就开始开采金矿,至今已将近1600年的历史。工业化开采从20世纪70年代开始。目前开采黄金的公司有盎格鲁黄金公司(SAG)、俄罗斯Nord Gold公司控制的丁吉拉伊矿业公司(SMD),还有SEMAFO(摩洛哥ONA MANAGEM集团控股85%)、KASSIDY等公司。

自2016年至2018年10月份,几内亚政府共颁发了303个金矿勘探证,撤销242个勘探证,延续更新64个勘探证。2017年,几内亚生产了32t黄金,包含手工开采和工业开采(SAG,SMD)。2018年,几内亚工业化开采黄金产量13.4t,较2017年降低了20%,手工开采约10.1t(几内亚国家统计部,2020)。2019年由于企业停产等原因,1~9月份累计生产黄金9.17t,出口黄金9.50t。

四、金刚石勘查与开发

几内亚金刚石的开采曾经主要为机械化开采，Hymex Guinée 股份有限公司在 1995—2001 年间，共开采 52 400ct 钻石，后该公司停产；Quatro C 公司 1998—2001 年间共开采 5200ct 钻石；Debsam（南非德比尔斯矿业公司子公司）正在进行钻石矿勘探并已获得 14 个勘探许可证；Aredor FCMC 拥有钻石特许权证，拥有覆盖巴南科罗（Banankoro）和邦克（Gbenko）地区达 1012km² 的矿业协议，主要开采巴乌雷河冲积平原及其支流地带，力拓公司与其共同勘探钻石矿脉，但是没有发现较大矿床。

近年来，受国际钻石市场低迷影响，几内亚金刚石产量呈下滑趋势，手工钻石开采产量较高，主要见于凯鲁阿内的巴南科罗（Banankoro）地区，具体地点为国家所有矿区、Aredor FCMC 矿区周围地带和未经允许开采的金迪亚矿区。主要开采矿山为 Baoulé、Mandala、Droujba 等，目前只有一家公司还在进行少量的商业化开采，2018 年工业开采仅 1004ct。

五、石油、天然气勘查

几内亚近海盆地存在着大量的沉积岩层。自 1968 年开始，英荷壳牌石油公司（SHELL）开始对几内亚陆上和近海石油、天然气资源进行初步考察。此后美国 Buttes Resources 公司、Union Texas and Super Oil 公司、挪威 Geco Norvege 公司和加拿大 Petro Canada 公司先后参与勘探。以上地质勘探工作确认了在几内亚近海白垩纪、古生代、古近纪、新近纪地质构造中蕴藏着丰富的油气资源。2006 年，美国得克萨斯州 Hyperdynamics 公司对几内亚近海区域面积 1/3、约 8 万 km² 的区块进行勘探，并于 2011 年宣布，据乐观估计该区块深水区石油储量达 37 亿桶，去除风险因素可达 4 亿桶，浅海区约 23 亿桶，去除风险因素可达 3.7 亿桶。

近年来，几内亚政府决定将启动位于森林几内亚地区 LOLA 省的钴矿、铜矿的国际公开招标程序。洛拉省的钴矿、铜矿距离西芒杜铁矿不远，未来开采钴矿、铜矿的企业可以共享共用西芒杜铁矿的铁路和港口。

六、几内亚主要矿业公司

1. 几内亚铝土矿公司（CBG）

该公司于 1973 年 5 月成功组建。其中，几内亚政府持股 49%，HALCO 财团控股 51%（其中美铝持股 45%，力拓 Rio Tinto Alcan 持股 45%，德国 DADCO 持股 10%）。主要开采博凯地区的桑加雷迪及其周边地区的高品位铝土矿（平均含氧化铝 53%、二氧化硅 2%，最高品位超过 60%）。该矿区面积为 1292km²，平均含氧化铝 53%，是世界上最大最富的铝土矿矿区。该公司生产的铝土矿通过铁路运至卡姆萨尔港后，再利用驳轮运往世界各地。近年来，该公司的铝土矿年产量均保持在 1700 万 t 左右。尽管受到新型冠状病毒肺炎疫情影响，2020 年，该矿山产量仍达到了 1650 万 t。

美铝（ALCOA）公司于 1963 年 10 月在几内亚注册成立了几内亚法人企业：几内亚铝土矿公司（CBG）。1963 年，美铝与几内亚政府签署《采矿权基础协议》，CBG 获得几内亚博凯大区 Sangaredi 矿 75 年特许开采权，特许开采权有效期 1963—2038 年。

美铝公司将 1292km² 矿区又细分成 4 个采矿区，即 Sangarédi、Bidikoum、Silidara、N'Dangara。

1973年8月，经过近10年的基础设施建设（铁路、港口、粉碎烘干设施、火电厂等），第一船铝土正式出矿、出口。

美铝公司投资兴建了一条长145km的专用铁路，通过火车运至145km外的卡姆萨尔港（KAMSAR）码头，在港区将铝土矿粉碎、晒干之后，通过传送带装船出口。

自1973年出矿至2020年底，CBG累计出口铝土矿约5.3亿t。

2. 金迪亚铝土矿公司（CBK）

该公司位于几内亚金迪亚地区，主要利用苏联的贷款建设而成，于1975年正式投产。该公司是少数在几内亚全资拥有的铝土矿开发综合企业，年均产能为300万t。

2001年4月，俄罗斯铝业（Russki Alumini，简称Rusal）集团获得该公司25年的管理权，将公司更名为CBK，开采德贝莱地区的矿床。该铝土矿矿床的氧化铝含量为46%，二氧化硅含量2.8%，自2017年至今，年均产能都维持在300万t以上。该公司生产的铝土矿通过铁路运至科纳克里港，然后再运送到乌克兰NIKOLAIEV氧化铝厂进一步进行冶炼。

除此之外，俄罗斯铝业集团还拥有甸甸铝土矿公司（COBAD），甸甸铝土矿位于几内亚博凯专区北部，俄罗斯铝业集团于2002年获得该区的采矿特许权。甸甸铝土矿矿区预测总资源量可达13亿t，其中已探明的储量为6.9亿t，氧化铝含量48.5%，二氧化硅1.6%。2018年6月，甸甸铝土矿正式投产，当年铝土矿产量为57.7万t。2020年在新型冠状病毒肺炎疫情影响下，甸甸铝土矿产量为307万t。

3. 博凯矿业公司（SMB）

2014年，中国宏桥集团与新加坡韦立国际集团、烟台港集团、几内亚UMS公司组成联合体"几内亚赢联盟"，并注册成立博凯矿业公司（SMB），联合开发几内亚博凯地区铝土矿。2015年，赢联盟SMB公司的矿区、道路、港区等基础设施建设完成，2015年7月正式投产，当年完成铝土矿出矿79万t。2016年全年实现出口约1067万t铝土矿，占当年几内亚铝土矿产量的43%；2017年实现出口约3000万t铝土矿；2018年实现出口约3474万t，2019年实现出口近4000万t，2020年在新型冠状肺炎病毒疫情影响下，产量仍保持在3273万t。截至2020年，赢联盟已经从几内亚向中国运输了1.7亿多吨铝土矿。

2018年，赢联盟相继投标周边矿权，并于下半年成功拿下圣图和宏达铝土矿矿权，资源量分别约为7亿t和2.3亿t。2019年3月30日，几内亚第一条现代化铁路——赢联盟达圣铁路开工。2021年6月16日，几内亚达圣铁路通车仪式在几达必隆港举行。2021年7月22日，达圣铁路首趟万吨大列开行成功，为实现圣图铝土矿的产能目标奠定了良好基础。

赢联盟目前是几内亚最大的铝土矿开发商，在其努力下，几内亚在4年时间内就一跃成为世界第一大铝土矿出口国。

2019年11月13日，几内亚地矿部向赢联盟颁发《中标通知书》，赢联盟获得了西芒杜铁矿1号、2号区块的开采权。

4. 中国铝业集团

2016年10月31日，中国铝业与几内亚政府、几内亚国家矿业公司就博法（Boffa）区块的铝土矿开发合作签署了合作框架协议。博法铝土矿项目分为南、北两个矿区，面积分别为599km^{2}和658km^2，总资源量约17.5亿t。

2018年10月28日，中铝几内亚博法铝土矿项目正式开工。

2019年9月1日，中铝几内亚博法项目开始试生产。

2020年1月5日，中铝几内亚项目首艘装运船舶"衢山海"轮顺利完成了55 000t铝土矿的装货任务正式起航。2020年2月25日"衢山海"号抵达日照港。至2020年底，中铝公司共生产699万t。

5. 河南国际矿业开发有限公司

2007年5月,中国河南国际合作集团有限公司的全资子公司——河南国际矿业开发有限公司在几内亚博凯地区取得558km²区块探矿权。经勘查,品位40%以上的铝土矿储量达15亿t。

2010年10月,河南国际矿业开发有限公司再次获得几内亚博凯地区558km²铝土矿项目特许开采权。

2017年实现出口铝土矿约150万t,2018年实现出口约401万t,稳产后将实现年出口1000万t铝土矿的能力。

6. 几内亚弗里亚氧化铝公司(ACG)

1960年4月投产,几内亚弗里亚氧化铝公司(Alumina Company of Guinea,ACG)为铝土矿-氧化铝一体化企业,几内亚政府和ACG公司分别持有15%和85%的股份,经营着弗里亚专区的Friguia氧化铝精炼厂,年产能为78万t,是几内亚目前唯一一座氧化铝厂,产品通过铁路运至科纳克里市,部分出口至俄罗斯。2000年,俄罗斯铝业(RUSAL)集团接管该公司,几内亚政府占15%股份。但自2012年4月因尖锐的劳资对立和持续罢工的原因而关停,于2018年完成重建、恢复生产。

7. 阿联酋环球铝业集团几内亚分公司(GAC)

阿联酋环球铝业集团几内亚分公司(GAC)在几内亚桑加雷迪的149号铝土矿毗邻CBG矿区,拥有10亿t储量,区块面积为650km²,GAC于2013年获得该区块的采矿权证,有效期25年,且可延期。因为该项目的高额投资以及建成后对几内亚经济的巨大促进作用,政府在谈判中放弃了在GAC项目中获得干股的权利。

2018年7月,阿联酋环球铝业与韦丹塔(Vedanta)公司签订了铝土矿长期供货合同。

GAC的铝土矿项目2019年8月实现投产出矿,首船出口7万t铝土矿。8月初投产以来,出口量稳步增加,现每月出口铝土矿20万t。2020年,GAC共生产铝土矿1007万t。

2019年11月25日,阿联酋环球铝业公司(EGA)宣布其与山东信发集团签订合同,在今后5年向信发集团供应旗下位于几内亚共和国的阿联酋环球铝业集团几内亚分公司(GAC)生产的铝土矿。

8. 英国阿鲁法矿业公司

英国阿鲁法(Alufer Mining)矿业公司在几内亚注册的当地法人公司名称为Bel Air Mining公司,目前持有博法省Bel Air项目和拉贝项目。

阿鲁法矿业公司于2011年通过钻探发现了Bel Air矿床,探明铝土矿储量1.46亿t。2016年2月1日与几内亚政府签署《采矿协议》。2016年6月3日,几内亚国民议会批准了该协议。该项目于2016年12月获得2.05亿美元融资;2017年1月,该项目正式动工,并于2018年8月正式投产。项目位于博法地区,毗邻中铝区块。该矿拥有高品质铝土矿1.46亿t,采用露天开采,开采出的矿石则利用卡车经公路运输到码头,处理后经驳船运输到距离海岸线32km远的大型散装船,进而出口到中国和大西洋沿岸其他国家。

拉贝项目2010年9月获得铝土矿勘探许可证,目前勘探工作正在进行中,前期工作中初步获得了符合JORC标准的资源量为25亿t,其中50%氧化铝以上的高品位铝土矿资源量达5.83亿t。

9. 澳大利亚AMC矿业公司

2010年8月,澳大利亚AMC矿业公司(Alliance Mining Commodities)与几内亚政府签署了关于开采Koumbia铝土矿的《采矿权基础协议》,并承诺建设一条126km长的多用途铁路线和一个内河码头。

AMC公司的Koumbia铝土矿位于博凯大区高瓦尔省,矿区面积为728km²,根据AMC公司披露,Koumbia项目拥有符合JORC(2012)标准的资源量为21.4亿t,平均氧化铝含量44%,其中氧化铝含量达48.1%以上的高品位资源量有9亿t。

2016年初,AMC公司更新了原来的可行性研究报告,并于2017年10月与几内亚政府签订了补充协议,约定该项目将建设108km长的公路以供卡车运输。

2018年11月,AMC公司曾就该项目寻求与广西百色集团进行股权投资合作。

2019年7月18日,澳大利亚AMC矿业公司几内亚分公司发布国际公开招标公告,主要为AMC公司在几内亚Koumbia铝土矿项目的基础设施建设项目上招标。

10. 特变电工(TBEA)集团

2017年10月,几内亚政府批准了特变电工在泰利梅莱省开采桑图Santou铝土矿项目。

根据已披露信息,该铝土矿项目资源量达8亿t,总投资为2.8亿美元,初期年产能为1000万t,后续将增至3000万t/a。特变电工还将在几投资建设配套的氧化铝和电解铝厂。此外,项目远景还包括在孔库雷河修建一座水电站、一条用于铝土矿运输的铁路和一个深水港口等配套基建项目。

特变电工控股子公司新疆天池能源有限责任公司拟在几内亚投资建设几内亚共和国泰利梅莱—博法铁路项目。铁路起点位于几内亚桑图Santou矿区,终点为韦尔加角Cape Verga港口,主要用于铝土矿等矿石的运输,是一条服务于铁路沿线矿区、周边矿区及沿线群众的多功能综合铁路。

特变电工拟投建的阿玛利亚水电站位于孔库雷河下游,是孔库雷河干流四级开发方案的最后一级。电站距首都科纳克里公路里程129km,是几内亚国家级的重大项目工程。阿玛利亚水电站装机容量300MW。

11. 南非盎格鲁公司几内亚分公司(SAG)

南非盎格鲁公司几内亚分公司SAG(Société Ashanti Goldfields de Guinea)于1996年获得几内亚锡吉里金矿的采矿权证,随即启动矿区的基础设施建设,并在1998年2月正式投产。锡吉里金矿是一个露天开采的氧化金矿,南非盎格鲁公司拥有85%权益,剩余15%为几内亚政府拥有。锡吉里金矿总面积为1 494.5km²,分成4个子矿区,矿石量25 675万t,平均品位0.87g/t,金矿储量达223.3t。SAG在锡吉里矿区的矿石处理厂日处理能力达3万t矿石。2018年SAG的黄金产量为8.9t,平均品位0.85g/t。

锡吉里金矿可以识别出两类原生矿化:第一种以含金黄铁矿的沉淀,以及靠近黄铁矿的钠长石化和稍远的碳质交代为特征;第二种为东北东-西南西走向含自然金石英脉,具有碳酸盐镶边,交切碳酸盐-黄铁矿脉,并显示砷黄铁矿(黄铁矿)晕。

12. SMD公司

SMD(Societe Minieres de Dinguiraye)公司的LEFA金矿发现于20世纪90年代初,1995年4月Lero采坑开始出氧化矿,Au平均品位3.7g/t。1998—1999年,Karta和Fayalala采坑也相继出矿。2008—2009年,新的选厂逐步投入使用,具备处理原生矿的能力。2010年SMD被俄罗斯Nordgold黄金公司收购,占股85%,几内亚政府占股15%,2018年产黄金18.78万盎司(5.84t)。

矿区主要地层为比里姆浊积岩系,岩性主要为砂岩与粉砂岩。该矿体主要为地层中的石英细网脉段,石英脉宽通常为0.5～5cm,石英脉为主要的金载体。矿石整体品位通常为1.1～1.2g/t。目前露天采坑最深距地表150m,现生产矿石主要为原生矿石。

根据Nordgold公司报告,LEFA金矿矿石量11 067万t,平均品位1.35g/t,金金属量154.15t。

13. 澳大利亚特拉康姆资源公司（TerraCom Ressources）

近期，澳大利亚证券交易所（ASX）上市的澳大利亚特拉康姆资源公司（TerraCom Ressources）正在收购非洲铝土矿项目，该公司已签署了收购英国益格鲁非洲矿业有限公司（Anglo African Minerals，AAM）的协议。公司前期将重点开发FAR项目，该项目邻近铁路，方便出口与物资供应。预计前13~16个月，初始产能为300万 t/a，在之后的12个月里，提升产能至500万 t/a。

除上述公司外，还有中国国家电力投资集团有限公司、山东淄博润迪铝业、印度阿夏普拉矿业有限公司、法国AMR矿业公司、欧亚资源（Eurasian）、印度动力矿业公司、FAR前进非洲资源公司、伊朗达博拉铝土矿公司（SBDT）等公司也都在几内亚获取了普通采矿权（投资额低于10亿美元）或特许采矿证（投资额高于10亿美元）详见表4-3。

表4-3 在几内亚获得普通采矿权的公司

序号	公司名称	国别及翻译
1	State Power Investment Corporation(China)	国家电力投资集团有限公司（中国）
2	Bauxite Kimbo(China)	中国山东淄博润迪铝业
3	Ashapura Guinea Resources	印度阿夏普拉矿业有限公司
4	Alliance Minière Responsable	法国AMR矿业公司
5	Eurasian Resources	欧亚资源（Eurasian）
6	Societe Dynamic mining	印度动力矿业公司
7	Forward Africa Resources	FAR前进非洲资源公司
8	Société des Bauxites de Dabola(SBDT)	伊朗达博拉铝土矿公司

在几内亚从事矿产资源勘查开发的主要中资矿业公司的矿权分布图如图4-2所示。

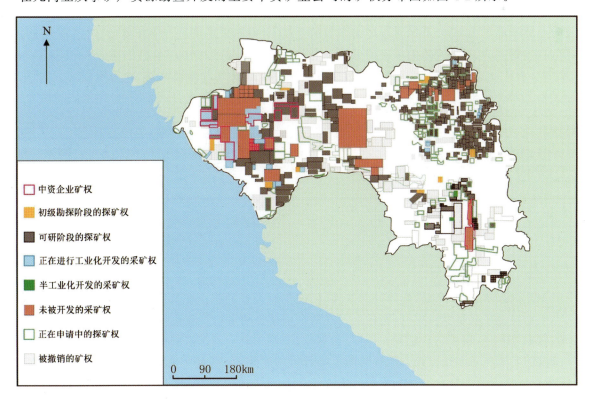

图4-2 中资企业在几内亚登记的部分矿权分布示意图

中资矿业企业涉及矿产勘查、矿山建设及其相关产业链的公司包括山东淄博润迪铝业、河南二院、中国铝业等(表4-4)。

表4-4 几内亚主要中资矿业公司简表

公司名称	矿区名	矿种
河南国际矿业开发有限公司	558	铝土矿
中国国家电力投资集团有限公司	3560	铝土矿
中国铝业	西芒杜铁矿3、4号区块;131铝土矿项目	铁矿、铝土矿
SMB(中国宏桥、烟台港)	博凯,圣图,宏达,西芒杜1号、2号区块	铝土矿、铁矿
山东淄博润迪铝业	金波矿区	铝土矿
特变电工(TBEA)	桑图矿区	铝土矿
GMC公司	不详	铁矿
河南二院	不详	金矿

第二节 矿权信息

几内亚大部分地区隶属西非克拉通马恩-莱奥地盾,此外,在下几内亚区还发育了大片古—中生代沉积物,地表广泛发育铁硅铝质风化壳。几内亚矿产资源品种多、储量大、分布广,其中铝土矿和铁矿在全球占有重要地位,开发潜力极大。康康大区的锡吉里盆地、芒贾纳等地区的金矿更是广泛分布,世界大型矿业公司正在此地进行地质勘探和工业化开采,当地民采也以淘洗砂金、红土化残坡积型金矿和浅地表风化原生金为生,民采金产量几乎与工业化开采产量相当。此外,几内亚还有金刚石、镍、铍、铜、钴、锌、银、铀、石墨、锰等矿产。

几内亚地矿部于2017年开始对于过去旧版的金矿、金刚石采矿证进行清理整顿,对不符合2013年新版《矿业法》条款的、过期失效的采矿证依法进行注销、废止,截至2013年,已经废止注销了800多份金矿、金刚石采矿证。但这一工作尚未完成,几内亚政府将继续大力清理整顿2011年以前发放的采矿证(表4-5),凡是不符合现行的、2013年新版《矿业法》条款的、过期失效的采矿证,一律依法注销废止。

表4-5 各矿种的许可证数量 单位:份

	铝土矿	黄金	钻石	采石	铁	基本金属
授权	87	303	48	67	14	4
撤销	68	242	52	4	55	21
更新	4	64	3	12	3	

注:资料来源于几内亚国家统计部(http://www.stat~guinee.org/)。

受限于几内亚落后的基础设施等外部条件,目前仍有大量的铝土矿和铁矿项目尚未开发(图4-3)。尽管锡吉里盆地金矿权星罗棋布,但实际上仅有两个金矿公司进行工业化开采,其他金矿权多处在勘探和维护的状态(图4-4、图4-5)。近期在该区,虽然欧美、澳大利亚等国家的矿业公司活动频繁,但实际进入开发阶段的矿业项目屈指可数。随着国际市场行情的变化,金刚石开采更是由早期的以工业化开采为主,逐步变成了以当地民众的手工开采为主。

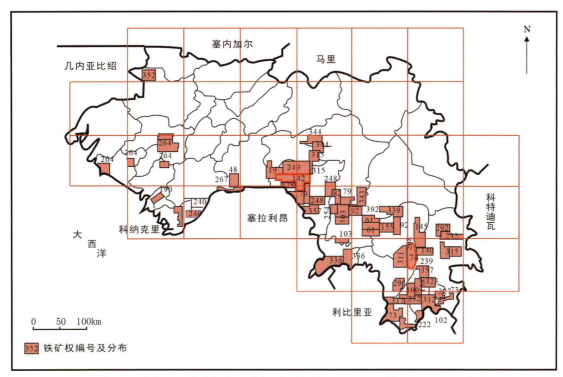

图 4-3　几内亚铁矿矿权分布示意图（资料来源于 https://mines.gov.gn/）

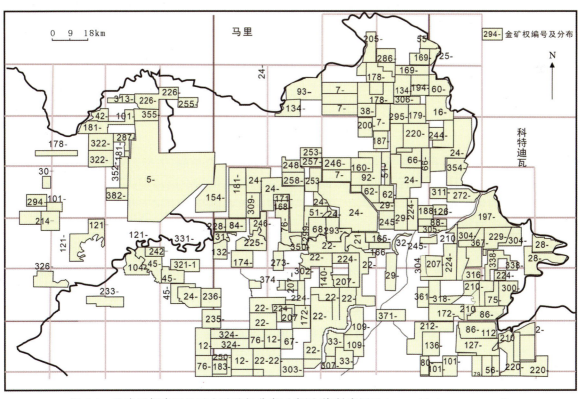

图 4-4　几内亚锡吉里地区金矿矿权分布示意图（资料来源于 https://mines.gov.gn/）

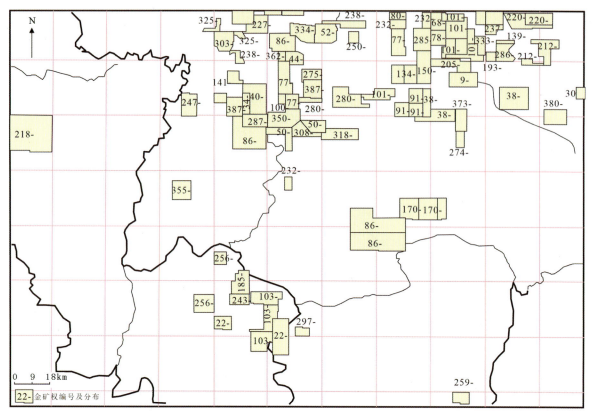

图 4-5　几内亚森林几内亚地区金矿矿权分布示意图(资料来源于 https://mines.gov.gn/)

2014年,几内亚正式加入了"采掘业透明度倡议国际组织"(ITIE),几内亚政府严格遵守采掘业透明度倡议国际组织制定的规范、标准和要求,所有与企业签署的《矿业协议》都在采掘业透明度倡议国际组织几内亚代表处官网上公布,体现"透明度原则",接受国际社会、几内亚民众、各界人士的监督。

第三节　成熟矿山项目

近年来,中国矿业公司积极参与几内亚的矿业投资项目。截至目前,中资企业已在几内亚的矿业开发领域占有重要地位。目前中国在几内亚从事矿业投资的企业包括中国河南国际矿业开发有限公司、中国国家电力投资集团有限公司、中国铝业、山东淄博润迪铝业以及由中国宏桥集团、烟台港集团与其他两方组建的赢联盟联合体等。

2007年5月,中国河南国际合作集团有限公司取得几内亚博凯地区558km²区块的探矿权,这也是中国企业在几内亚取得的第一处探矿权。2008年,河南国际与几内亚政府签署了项目开发框架协议。2010年10月,中国河南国际合作集团有限公司的全资子公司——河南国际矿业开发有限公司获得铝土矿项目特许开采权。2017年实现出口铝土矿约150万t,2018年实现出口约401万t。

2016年10月31日,中国铝业与几内亚政府、几内亚国家矿业公司就博法铝土矿区块的开发合作签署了合作框架协议。2018年6月8日,中国铝业所属的中国铝业香港有限公司与几内亚政府在几内亚首都科纳克里正式签署了《博法铝土矿项目矿业协议》。博法131铝土矿项目可利用资源量约17.5亿t。2018年10月28日,中铝几内亚博法铝土矿项目正式开工。2019年10月6日中铝几内亚博法项目正式采矿。2020年1月5日,中远海运散运中铝几内亚项目首艘装运船舶"衢山海"轮顺利完成了5.5万t铝土矿的装货任务,2020年2月26日抵达中国日照港。截至2020年底,中铝博法铝土矿项目已生产并成功运回中国699万t铝土矿。

2015年,中国宏桥集团与烟台港集团、新加坡韦力国际集团、几内亚UMS公司组成联合体——赢联盟,并在几内亚成立博凯矿业公司(SMB),共同开发博凯地区的铝土矿。由于矿区靠近运河,以"采矿+河运+海运"的创新模式,2015年7月,博凯项目实现顺利出矿并运回中国。2018年,SMB又相继取得了圣图矿区和宏达矿区的开采权,资源量分别为7亿t和2.3亿t。2021年6月,达圣铁路修建完工,进一步保障了该区铝土矿的顺利开采和运输。2019年,赢联盟的博凯矿业(SMB)生产铝土矿达到4430万t,2020年在新型冠状病毒肺炎疫情影响下仍生产铝土矿3273万t。目前已经累计出口铝土矿超过1.7亿t。

第五章 矿业投资环境

第一节 矿业主管部门

几内亚矿业主管部门是矿业和地矿部,负责几内亚矿业政策的实施、监督和评估,并设有行政办公室,由部常务秘书具体管理工作。几内亚地矿部主要职责如下:①制定国家矿业的计划框架;②制定和实施矿业和地质方面的战略发展规划;③设计、制定和监督矿业相关法律法规的实施;④收集、处理和解释矿业统计数据;⑤摸查和评估几内亚矿产资源;⑥监督和控制公司和企业提出的采矿项目计划的实施;⑦监督地质矿产类科学研究或勘探计划;⑧对几内亚进行地震监测;⑨预防和管理采矿地区的冲突;⑩在管理框架内,缔结矿产和地质方面的协议或公约;⑪管理地质与采矿信息系统;⑫确保出口矿产资源的安全。

几内亚地矿部下设国家矿业促进和发展中心、国家矿业管理总局、国家地质总局、地球物理与地震学中心、国家矿业项目协调局、国家基础设施发展局、国家矿业安全委员会、几内亚矿业商会等 20 多个部门。

几内亚国家矿业促进和发展中心(CPDM)具体负责矿业部门的投资事宜。该机构受到世界银行的大量资助,CPDM 被看作是投资者的"一站式服务窗口"。

几内亚国家矿业管理总局主要负责矿山管理等工作。

几内亚国家地质总局负责实施几内亚的地质调查等相关工作。

几内亚国家矿业委员会,其成员由国家有关部门代表组成,负责审查由国家矿业促进和发展中心准备的矿产证申请、更换、转让、延期材料及收回矿产证文件。该委员会的职责、组织架构、组成和运行由地矿部部长签发部令规定。

几内亚矿业证书技术委员会,属于矿业管理内设机构,负责受理由国家矿业促进和发展中心准备的矿产证的申请、更换、延期、延长材料。该委员会的职责、组织架构、组成和运行由地矿部部长签发部令规定。

几内亚地矿部的官方网站:https://mines.gov.gn/。

第二节 矿业权制度

2011 年 9 月 9 日,几内亚首届民选政府颁布实施了新制定的《几内亚共和国矿产法》(以下简称《矿产法》);2013 年 4 月 8 日,几内亚政府对《矿产法》进行了部分修订,颁布了修订后的最新版《矿产法》。

几内亚矿产法(第 L/2011/006/CNT 号法律)由几内亚共和国国家过渡委员会于 2011 年 9 月 9 日通过。2013 年 4 月 8 日,国家过渡委员会对部分章节进行了修订(第 L/2013/053 号法律)。

一、矿业权申请流程

(一)探矿权证申请

探矿许可证的申请应以规定形式提交,申请中需明确申请目的、工程计划、投资预算和拟申请区块,并应包括以下资料:申请人身份证明或企业营业执照;申请人技术力量文件;申请人财务能力文件;申请区块的位置、面积及地理坐标等;申请的探矿证矿种;申请区块的探矿工作计划方案。

在审批部门认为申请材料不足时,国家矿业促进和发展中心有权要求申请者对材料进行详细说明或补充。申请者还需根据现行相关条例缴纳咨询费用和其他费用。

(二)采矿权证申请

工业化采矿证申请材料根据矿业领域相关规定包括以下内容。
(1)仍在有效期内的探矿证的复印件以及缴纳相关税费的证明。
(2)勘探报告,包括矿的类型、品位、储量以及地质情况等。
(3)首次或第二次退还区块计划,附上之前面积一半的勘探结果。
(4)含开采计划在内的可行性研究报告,包含以下内容:①详细的社会和环境评估报告,包含一份环境和社会管理计划、危险评估计划、风险控制计划、卫生和安全计划、移民规划、安置计划、减少项目负面影响以及增加项目有益影响计划;②项目经济分析报告以及取得必要的各项许可的计划;③工业基础设施建设规划和预算;④扶持几内亚当地公司发展的计划,即帮助创建或强化当地中小企业能力或从几内亚公民控股或经营企业购买工程建设所需物资或服务,增加当地就业的计划,雇工比例不得低于矿产法的相关规定;⑤待实施工程的详细施工进度表。
(5)地方发展公约将在取得矿权后签署,地区发展公约附带设区发展计划,包含培训及医疗、社会、学校、道路、供水以及供电基础设施建设。
(6)向相关管理部门提出公司办公用地申请,提交公司办公场所建设规划图,铁矿、铝矿、金矿以及钻石矿办公场所必须在拿到采矿证后3年内完成建设。
(7)必须在几内亚注册成立几内亚法人企业。

(三)采矿特许权证申请

采矿特许权申请材料根据矿业领域相关规定包括以下内容。
(1)有效期内的探矿证的复印件以及缴纳相关税费的证明。
(2)勘探结果报告,其中应包含已确认矿产资源的种类、品质、储量和地质情况。
(3)首次或第二次区块退还计划,附上之前面积一半的勘探结果。
(4)项目可行性研究报告:①一份详细的社会和环境评估报告,包含一份环境和社会管理计划、危险评估计划、风险控制计划、卫生和安全计划、移民规划、安置计划、减小项目负面影响以及增加项目有益影响计划;②项目经济和财务分析报告;③工业基础设施建设计划及预算;④支持几内亚当地公司发展计划,创建或者强化当地中小型规模企业能力,或从几内亚人经营或控股的公司来购买工程中所需要的相关物资或服务。当地员工雇用计划,雇工比例不得低于矿产法有关规定;⑤待实施工程详细施工进度表。

(5)地方发展公约将在取得矿权后签署,地区发展公约附带社区发展计划,包含培训及医疗、社会、学校、道路、供水以及供电基础设施建设。

(6)向相关管理部门提出公司办公用地申请,提交公司办公场所建设规划图,铁矿、铝矿、金矿以及钻石项目办公场所必须在拿到采矿证后3年内完成建设。

(四)其他矿业许可

除上述矿业权证外,几内亚还存在半工业化探矿证、半工业化采矿证、6个月的勘查许可证、1年期的找矿许可证、手工开采许可证。其中半工业化开采的探矿证、手工开采许可证只发放给几内亚籍个人、完全由几内亚人所持资本组成的法人或与几内亚有互惠关系的国家或个人,故上述几种不作赘述。

(五)矿权证申请费

矿权证申请费,详见表5-1。

表5-1 许可证申请类型及许可证申请(授予、延续)审核费用

序号	业务类型	费用/美元
1	探矿证申请(授予、延续)	1500
2	工业化采矿证(授予、延续)	2500
3	采矿特许权(授予、延续)	5000

(六)申请审查、公告和颁发

1. 申请

申请人提交的申请必须符合矿业法及其执行条款的要求,遵守和履行矿业法规定的责任和义务,具有足够的技术能力和财政能力保障施工开支,采矿证及采矿特许权证申请者需要在探矿证到期前3个月提交符合规定的申请材料。

采矿特许权证需要达到相应的投资限额,根据现行矿业法规定:铝土矿、铁矿、放射性物质(铀、钍及其衍生物)投资金额需不得少于10亿美元,其他矿种的最低投资额为5亿美元。

2. 审查

(1)国家矿业促进和发展中心CPDM负责预审矿权申请和评估矿区地籍。

(2)国家矿业促进和发展中心CPDM和矿权技术委员负责给出探矿证技术评估和社会环境影响研究评估相关意见。

(3)国家矿业管理总局、环境部及矿权技术委员会、国家矿业委员会负责采矿证及采矿特许证的技术、环境的评审工作,并提出相关意见。

(4)地矿部部长决定是否批准授予探矿证。根据地矿部部长提名,经国家矿业委员会同意,且经过部长会议以政令方式授予工业采矿证。

3. 采矿特许权证及采矿协议审批流程

在颁发特许采矿权证之前,矿企和几内亚政府要谈判《采矿协议》的具体条款。《采矿协议》明确规

定了双方的权利和义务。

《采矿协议》审批程序：①国家矿业委员会批准；②部长理事会批准；③最高法院批准；④国民议会批准。

采矿特许权证审批流程：①地矿部向议会提交需要批准的《矿业协议》法文文本及项目简要说明；②议会矿业委员会审议；③召开议会矿业委员会全体会议，地矿部长、预算部长等到议会介绍项目贡献，回答议员提问；④议长主持表决，多数则通过；⑤议会起草《批准证书》，议长签字盖章，完成议会正式批准流程；⑥最高法院批准，最高法院在10个工作日内完成批准流程；⑦总统签发总统令，正式颁发《采矿证》；⑧几内亚地矿部向"采掘业透明度倡议国际组织"通报、备案；⑨矿业公司依法缴纳各类税费；⑩领取《采矿证》。

4. 公告和颁发

(1) 地矿部负责同意或拒绝签发探矿证、采矿证及采矿特许权证决定的通知和公告；

(2) 矿权证的授予、延期、更换、转让、出租、撤销或放弃等相关的事宜必须公布在官方公报及地矿部官方网站或地矿部部长指定的其他网站上。

(六) 许可区块的大小

探矿许可证的面积在相关决议中予以规定。铁矿和铝矿的工业探矿证面积不能超过 $500km^2$，工业化开采的其他矿藏探矿证面积不超过 $100km^2$。对于同一矿种、同一主体可以拥有铝土矿和铁矿石，最多获得3个探矿证，最大面积 $1500km^2$；其他矿种，最多获得5个探矿证，最大面积为 $500km^2$，用于工业化和半工业化开采。

采矿证批准的面积由法令规定，面积应按照可行性研究中确定的矿床进行划定。

采矿特许证批准的面积应由惯例规定。面积应尽可能符合可行性研究中确定的矿床进行划定。采矿特许证的范围应为尽可能简单的多边形，边长南北朝向和东西朝向。

二、矿业权类型、年限、持有费用

1. 类型及年限

探矿证的首次发放期限为3年，可更换2次，每次更换期限为2年，每次更换时需退还一半的面积给几内亚政府。在第二次更换到期后，探矿证持有者依然未能提交可行性研究报告，但探矿证持有者有充足的、合理的理由说明和解释其原因，则还可以最后延长一次，延长期为一年。如果该延期结束时，探矿证的持有人还是无法提供可行性研究报告，该许可证将失效废除（表5-2）。

表5-2 探矿证期限及延期说明

探矿证	期限	条件
首次申领	3年	最多3个证，每个最大面积 $500km^2$，合计最大面积不得超过 $1500km^2$
第一次更换	2年	退还一半的面积给几内亚政府，$250km^2$
第二次更换	2年	再次退还一半的面积给几内亚政府，$125km^2$
最后一次延长	1年	有充足的理由解释未完成可行性研究的原因
合计	8年	8年后收回并废止

采矿特许权证的有效期为15年,可多次延期,每次延期为5年。采矿特许权证持有人,必须在获得采矿特许权证之日起,12个月内应实质性开工建设基础设施。超过12个月未能实质性开工启动基础设施建设的,需按月缴纳罚款(表5-3)。

表5-3　采矿特许权证期限及延期说明

拖延实质性开工时间	罚款额	备注
第1～12个月	0	融资,前期准备
第13～15月	每月10万美元	拖延1～3个月
第16～18个月	每月递增10%	拖延4～6个月
超过18个月	几内亚方有权收回并废止采矿证	

注:《矿产法》中对于"实质性开工"规定了一些量化的明确标准。

采矿特许权证的有效期为25年,可多次延续采矿特许权证,每次最长为10年。采矿特许权证持有人在获得采矿特许证之日起,12个月内应实质性开工建设基础设施。超过12个月未能实质性开工启动基础设施建设的,需按月缴纳罚款(表5-4)。

表5-4　采矿证期限及延期说明

拖延实质性开工时间	罚款额	备注
第1～12个月	0	融资、开工前准备
第13～15月	每月200万美元	拖延1～3个月
第16～24个月	每月递增10%	拖延4～9个月
超过24个月	几内亚方有权收回并废止特许采矿证	

2.许可证固定费用

矿业证和授权许可的授予,以及许可证的更新、续展、延长、转让和出租均要支付固定税费。该税费的金额和支付方式由法定途径来规定。

负责金、金刚石以及其他贵重物资市场投放的征税代理人,收购商行和注册收购办事处需每年支付固定费用。该费用的金额由法定途径来规定(表5-5)。

表5-5　各类许可证固定费用　　　　　　　　　　　　　　　单位:美元/年

许可证类型		授予时	第一次延续	第二次延续
探矿证	铝土矿、铁矿、铀矿	15	40	100
	金、金刚石、宝石等相关矿种	20	53	133
	基本金属等矿种	10	27	67
工业化采矿证	铝土矿、铁矿、铀矿	7500	10 000	22 500
	金、金刚石、宝石等相关矿种	10 000	12 500	30 000
	基本金属等矿种	5000	6250	15 000
采矿特许权证	铝土矿、铁矿、铀矿	5000	7000	15 000
	金、金刚石、宝石等相关矿种	6000	8000	20 000
	基本金属等矿种	4000	5000	12 500

3. 土地特许权使用费

土地特许权使用费是指探矿证、工业化采矿证、采矿特许权应缴纳相应土地费用(表5-6),费率、申报和结算方式由地矿部长和财政部长的联合法令决定。

表5-6 各类矿业权证需支付的土地特许权使用费　　　　单位:美元/(km²·年)

许可证类型	授予时	第一次更新	第二次更新
探矿证	10	15	20
工业化采矿证证	75	100	200
采矿特许权证	150	200	300

四、土地的所有权和使用权

几内亚土地法规定允许土地私有。任何个人或企业、单位均可从几内亚政府租用土地或从私有土地所有者处购买/租赁土地,购买/租赁土地需提前到政府有关部门备案。土地开发需要经政府根据建设发展规划进行审核。当土地所在的位置涉及到国家安全和地区安全时,政府有权利强制征用该区域土地,并根据相关法律对征用的土地进行赔偿。

外资企业或外国人在经过几内亚政府审核、备案的前提下,可向政府租赁土地或向个人购买土地。购买后的土地所有权归外资企业/外国人长期拥有。租赁土地时,法律规定当投资超过500亿几内亚法郎可租赁70年,租赁土地最高年限为70年。

2015年5月25日,几内亚政府颁布的《几内亚共和国投资法》(2015年)规定:不论其国籍或血统,在几内亚共和国正式成立的外国实体均可以自由获取和维持其活动所需的任何财产、权利和特许权,包括土地、不动产等。获取土地和不动产(例如建筑物)的外国人,必须遵守几内亚关于获取和保护土地和财产权的法律。外国投资者购买土地和不动产,必须在科纳克里土地注册处或科纳克里自然保护局登记,最终由该办公室进行土地登记。

五、政府入股

国家无偿在其发放的矿业证中参股,参股比例最多为矿业证持有公司资本的15%。国家的参股不会因可能的股本增加而稀释。矿业证签署后,国家即获得参与的股份。国家的这种无偿参股不可出售,也不可抵押。

在与每家矿业公司确定的矿业协定框架下,国家有权以法定货币增加参股。此项参股选择可在时间上错开,但只可行使一次。国家参股比例不可超过35%。国家在矿业证持有公司的参股比例因不同矿种而不同,最大比例为35%(表5-7)。

表5-7 国家在矿业证持有公司内的参与比例

矿种及衍生物	不被稀释的干股/%	期权股权/%
铝土矿	15	20
铝土矿+氧化铝联合企业	5	30
氧化铝	7.5	27.5

续表 5-7

矿种及衍生物	不被稀释的干股/%	期权股权/%
铝材	2.5	32.5
铁矿	15	20
钢	5	30
黄金及钻石	15	20
放射性物质	15	20
其他矿物质	15	20

第三节 税收政策

一、一般投资政策

几内亚外资管理的主要法律依据是《几内亚共和国投资法》和《几内亚共和国投资法实施条例》。其中重要的规定是：外国自然人和法人与几内亚国民享有平等待遇。

2015 年 5 月 25 日，几内亚政府颁布了《几内亚共和国投资法》(第 L/2015/008/AN 号法令)。《几内亚共和国投资法实施条例》于 1987 颁布，1997 年修订。《几内亚共和国投资法》和《几内亚共和国投资法实施条例》对企业投资限制领域、禁止领域、鼓励投资领域、优惠政策等内容做出以下规定。

(1) 限制领域。受管辖的自然人或法人，无论国籍归属，未经授权均不得在几内亚共和国领土上从事下列活动：①除满足其个人需要外的电力生产和电力供应；②除满足个人需要之外的水利供应；③邮局和电信；④银行和保险；⑤制造、买卖爆炸物、武器和弹药；⑥卫生、教育和培训；⑦生产、进口和销售有毒、危险药品和产品。

(2) 禁止领域。外国籍的自然人或法人不得直接从事下列活动，也不能通过几内亚籍公司持有从事下列活动的几内亚企业 40% 以上的公司证券或股份：①出版一般或政治新闻的日刊或期刊；②播放电视或电台节目。

(3) 鼓励投资领域。几内亚在以下领域鼓励外商投资：农业、畜牧业、渔业及有关活动；生产或加工制造业；旅游业及宾馆；商业房地产；陆路、海上、内核和航空运输业；图书、唱片、电影、音像制品等文化产业；电信业、矿业、水力发电、服务业、建筑业等。

(4) 优惠政策：具体优惠政策主要有《对外投资合作国别指南》(2021 年版)：①投资所需进口设备、工具免关税，最长免税期 3 年，但需缴纳增值税(18%)、海关登记税(0.5%)、进口环节税(2%)；②进口生产所需原材料需缴纳关税(6%)、增值税(18%)，其他税费免缴，并无期限限制；③企业所得税免缴期限为 3~8 年，根据投资项目所在区域距离首都的远近程度确定；④出口生产企业 5 年内免缴所得税；⑤外资企业的股息、资本利益、外债本息、租金、管理费、清算收益等都可以自由汇出，但必须向财政部、税务总局、海关总局提供相应完税证明，经财政部审批后，由中央银行统一执行；⑥优惠政策设有一些基本限制条件，至少提供 25 个长期就业岗位，投资额不少于 5 亿几内亚法郎，再投资不少于初始投资的 25%；⑦全国分为 A 区(科纳克里、科亚、福雷卡里亚、杜布雷卡、博法、弗里亚、博凯和金迪亚)和 B 区(A 区外的其他地区)，分别给予土地出让金豁免、学徒税、统一税、工商利润税、注册费等不同年限和幅度的减免优惠。

几内亚实行属地税制,税收制度由以下法律构成:《税务总则》(le Code générale)、《关税总则》(le Code douanier)、《财政法案》(laLoi des finances)、《国家预算法》(la Loi du budget)。2016年增值税从18%增加到20%,海关关税上涨,平均上涨10%。

(1)主要税赋和税率。①企业所得税:35%;如企业亏损,将根据企业规模大小缴纳最低包干定额税1500万~6000万几内亚法郎。②增值税:20%。③工资税:10%~30%。④学徒税:3%(年薪收入30万几内亚法郎以上)。⑤保护税:为鼓励和保护本国工业,规定对进口的某些同类商品征收10%~15%的保护税。征收保护税的进口商品包括面粉、果汁、矿泉水、含糖汽水、油漆和清漆、普通肥皂、蜡烛、塑料袋、餐具和其他塑料器具、椅子和塑料家具。⑥消费税:5%~45%,征收对象有酒类、石油产品、香水、化妆品、珠宝首饰、金银制品以及使用5年以上的旅游车等。

(2)优惠关税:根据自由贸易统一规则,几内亚对所有西非国家经济共同体成员国的产品免征进口税。有关原产地规则由西非国家经济共同体制定,并于2003年1月生效。该规则与西非经济货币联盟的原产地规则一致。所产生的关税损失由西非国家经济共同体统一提留基金补偿。

西非国家经济共同体原产地规则确定的基本原则是:最终产品全部由成员国生产或充分加工并改变税号;未经加工产品或传统手工制品,使用当地原产材料的价值超过60%,增值部分超过或等于最终产品的30%。免税区或享受免税的出口产品除外。

原产地证申请程序:企业向主管政府部门递交申请,并由其转报西非国家经济共同体秘书处,秘书处提出决议呈报西非国家经济共同体部长理事会主席。获准产品需在外包装上标记原产地证明。

二、矿业投资方面的关税和税项

几内亚与矿业活动有关的税费主要包括矿产税、特别出口税及其他各种税费。

1. 矿产税

所有矿业证持有者均需缴纳开采矿物的税,放射性物质不需缴纳此税。此税由矿物质从矿山中采出时发生(表5-8)。

表5-8 各类矿产品缴纳税

矿种	计税单位	税率	税基
标准品位铁矿石	t	3%	铁矿石价格减去运费
铝土矿	t	0.075%	40%以上Al_2O_3含量的铝土矿,出产铝土矿的LME三个月期货价
工业化开采钻石	ct	5.0%	国家鉴定局估价(BNE)
贵金属:银、金、铂、钯、铑	盎司	5.0%	伦敦贵金属下午定盘价

2. 特别出口税

对矿产开发证持有人在几内亚境内开采并出口的未加工成半成品或成品的矿物,需征收特别出口税(表5-9)。

贵金属出口无需缴纳此税,但宝石和宝石矿需缴纳特别出口税。矿物出口税税基为出口矿物价格。

表 5-9 各类矿产品特别出口税

矿种	计税单位	税率	税基
标准品位铁矿石	t	2%	铁矿石价格减去运费
铝土矿	t	0.075%	40%AL_2O_3含量的铝土出产铝的 LME 三个月期货价
未加工工业化开采钻石	ct	3.0%	国家鉴定局估价(BNE)

3. 税收优惠及免除

(1) 勘探阶段的税收免除

探矿证持有人在勘查期间可免除以下税务。①增值税(TVA),包括在勘查阶段开始前,进口设备、器械、机械以及在勘探阶段开始前所提交的矿业清单上涉及的耗材;②最低包干费(IMF);③营业税;④职业培训税;⑤单一土地税;⑥学徒税。

(2) 矿产开采证持有人在建设期间可免除以下税收。①增值税(TVA):在建设阶段开始前提交的矿业清单上提及的进口设备、材料、机器以及耗材的增值税;②最低包干税(IMF);③营业税;④职业培训费;⑤房产税;⑥学徒税。

(3) 进入开采阶段的开采证持有人可自首次商业生产日起的 3 年内,免征以下税款:最低包干税;税率为 10% 的房产税。

(4) 在开采阶段,开采证持有人应缴纳以下税收,享受免税优惠的除外。①增值税,但不包括矿业清单第一类设备物资进口的增值税;②工商业税和公司税,税率是 30%;③动产所得税,税率是 10%;④公司登记税;⑤工资包干税;⑥非工资收入(RNS)预扣税;⑦工资预扣税;⑧现行税率的车辆统一税,其中不包括工地的车辆和机器;⑨根据情况,对职业培训的捐税或学徒税;⑩地方发展基金,矿业公司营业额的 0.1~0.5%;⑪固定税费和年税;⑫土地特许权费;⑬矿产税;⑭除贵金属外的矿物出口税;⑮宝石的出口税;⑯环境税费。

第四节 金融外汇

一、财政金融

几内亚中央银行(BCRG)负责几内亚货币的发行、流通和保值,具体包括:发行和管理货币,控制货币流动性;监管银行和金融机构;执行国家金融政策,控制通货膨胀;管理外汇市场,实现汇率自由化,管理国家外汇和黄金储备等。

几内亚除中央银行外,现有 11 家商业银行,分别是几内亚国际工商银行(BICIGUI)、几内亚经济银行(ECOBANK,成立于 1999 年,前身是几内亚非洲国际银行)、几内亚国际联合银行(UIBG,法国里昂信贷银行控股)、法国兴业银行几内亚分行、几内亚伊斯兰银行、摩洛哥-几内亚人民银行(摩洛哥商业银行在几分行,几政府控股 30%)、国际商业银行(马来西亚资本)、非洲联合银行几内亚分行(UBA GUINEE)、非洲农业和矿业开发银行(几内亚政府占 20%,私人投资 80%)等。目前当地没有中资银行,也没有与中资银行有密切合作关系的当地商业金融机构。

几内亚通用货币为几内亚法郎。截至 2021 年 7 月 25 日,根据几内亚央行公布的官方汇率,美元、欧元、人民币兑几内亚法郎汇率分别为 1:9385、1:10 261 和 1:1336。个人购钞(汇)每日上限为

5000美元(或等值外币)。当地主要支付方式为几内亚法郎现金支付,政府严禁以外汇进行结算;中、大型商户可用支票进行结算,首都少数涉外酒店和超市可接受信用卡结算。

二、外汇的分配

几内亚中央银行是几内亚的外汇管理部门,主要法规为《几内亚共和国外汇管理条例》《银行监管法令》等。

(1)经中央银行批准,居民可开立外汇账户,可以自由通过划账、支票或现款存入外汇;按商品进口条例办理取款或换取几内亚法郎。

(2)非居民如开立外汇账户须到中央银行申报。外国居民或几内亚非居民的各种资金转移及结算均须经事先批准。

(3)本地公司在国外开设外币银行账户必须事先获得中央银行的授权。

所有私营企业出口收入均须通过商业银行或几内亚中央银行办理;除中央银行专门授权外,出口收入须在出口之日90天内收回。黄金出口业务由几内亚中央银行监管。

2. 外汇的汇出

(1)公司当地币收入的转移,须与进口商一样向获准的银行机构申请,在拍卖行购买外汇,经批准后进行。中央银行在其外汇中保留一部分作为转汇保证金。

(2)用国外外汇账户中的外汇支付的进口业务,须提出进口申请,并依法接受审查。

(3)价值在10 000美元以上的进口可由中央银行直接支付外汇,无需经过拍卖行。此类进口须提出进口申请并依法接受审查。

(4)进口金额1000美元及以上或出口金额500美元及以上,必须到一家商业银行确定付款地点,商业银行在审阅商业合同(合同、形式发票、定货单、函件)后即开出指定进口或出口付款地点的文件。

(5)矿业公司的进口外汇自付。

(6)进口付汇程序:①向中央银行提出申请,填报进口说明书,包括进口商品的性质、价值、结算程序、通关等情况;②中央银行提出意见并批复;③根据央行批复,向当地商业银行提出购汇申请,并存入相当于进口总值的几内亚法郎保证金(按央行汇率折算);④商业银行向中央银行通过竞价获得外汇,并卖给进口商。

(7)现金出入境规定:①出境旅客携带现金最多不得超过5000美元;②外汇可以自由携带入境,但需申报,以便将来据此携带出境;③黄金首饰不超过500g,可自由带出,无需审批。

四、矿业投资外汇管制

矿产证持有人及其直接分包商应遵循几内亚共和国现行的外币兑换法规,必须将矿石出口产生的外币收入调入在国外一级银行开通的几内亚中央银行账户。

为此,矿产证持有人及其直接分包商将与几内亚中央银行签订适当的银行协议,保证几内亚法郎的开支、外币账户的开通、境外的各类交易和借贷服务。其中境外交易包括采矿或采石作业所需商品和服务的外国供货商的付款。

采矿证持有人可以自由向国外转移股息、资本收益,以及清算收益或资产变现。

对不在几内亚常居的人从几内亚公司获得的收入需按照几内亚税法总则第189条规定的税率征收预扣税,以矿业法第176条规定的矿业领域IRVM优惠税率或税收协定中更优惠的税率为条件。此预扣税由发放此收入的几内亚公司承担。

居住在几内亚共和国境内且被矿产证或许可持有人雇佣的外国员工,按照矿业法和税收总则条款缴清所有税额后,可以自由兑换货币,将全部或部分工资或其他形式的应付薪酬自由转移到原属国内。

进出口黄金须预先向几内亚中央银行申报。进出口宝石类须预先向国家鉴定办公室申报。此类进出口运作必须有海关总署代表在场。

第五节　外商投资准入条件

1. 投资主管部门

几内亚投资主管部门为投资和公私伙伴关系部(MCIPPP),下设几内亚投资促进局(APIP)及技术投资监督委员会(CTSI),促进投资并执行政府在投资发展方面的政策,接受并审批投资申请,改善《几内亚共和国投资法》执行情况,按《几内亚共和国投资法》要求审查投资优惠申请,海关及税收优惠授权,监督投资者债务及履约情况,按投资方的需求提供咨询、建议和指导性服务。投资和公私伙伴关系部主要职责:制定并实施投资相关法律法规;审查、监督、评估投资类项目;促进不同的投资项目创新;改善几内亚投资环境,增强几内亚投资竞争力;保障几内亚国有企业与私有投资或外国投资关系平衡;保障公、私企业投资的合并重组;保障国家政策延续执行和本土化政策的执行;鼓励和发展利用金融工具促进投资;促进几内亚经济、女性创业等。

2. 投资行业规定【限制的行业】

《几内亚共和国投资法》于1987年1月颁布,2015年5月25日重新修订;《几内亚共和国投资法实施条例》于1987颁布,1997年修改。《几内亚共和国投资法》和《几内亚共和国投资法实施条例》对企业投资一般条件、优惠条款、审批程序、管理机构、投资经营范围等内容做了规定。

限制领域:受管辖的自然人或法人,无论国籍归属,未经授权均不得在几内亚共和国领土上从事下列活动:①除满足其个人需要外的电力生产和电力供应;②除满足个人需要之外的水利供应;③邮局和电信;④银行和保险;⑤制造、买卖爆炸物、武器和弹药;⑥卫生、教育和培训;⑦生产、进口和销售有毒、危险药品和产品。

禁止领域:外国籍的自然人或法人不得直接从事下列活动,也不能通过几内亚籍公司持有从事下列活动的几内亚企业40%以上的公司证券或股份:①出版政治新闻的日刊或期刊;②播放电视或电台节目。

3. 投资方式的规定

根据《投资法》,外国自然人或法人均可在几内亚成立独资或合资公司、分公司、办事处、代表处等形式的贸易或生产型机构。投资可采取资本入股或新设备入股的形式,也可并购当地企业。投资者具有持有公司最高100%的股份,自主选择管理方式,参加公共采购招标,被授予土地、房地产、商业和林业财产的所有权等权利。

第六节　劳工政策

1. 劳工(动)法的核心内容

几内亚国民议会2014年2月通过了新的劳动法(第L/2014/072/CNT)。几内亚的劳动法保护雇员的权利,规定了各个行业的准则,其中最严格的是采矿业,准则涵盖工资、假期、工作时间、加班费、假期和病假。新的劳动法还禁止雇佣歧视。法律规定了工人组织和参加独立工会组织的权利,还对自由行使罢工、集体谈判等权利加以了限制。

劳动合同:定期合同不得超过2年,否则视为长期合同。合同必须成文,否则视为长期合同。合同可以规定试用期,干部不得超过3个月,其他人不得超过1个月。

解雇程序:提前5天书面通知面谈,解雇通知书在面谈之后3天发出,并需注明解雇原因。解雇人数不超过10人的,劳动部门无权干涉。超过10人的,劳动部门有权反对解雇计划。雇主可向劳动法庭或司法部提出上诉。

劳动时间:劳动时间为每周40小时,超过的视为加班;加班4小时以内,应增加工资的30%;超过4小时的,增加60%。实际工作时间每天不超过10小时,每周最多不得超过48小时。夜班为20时至次日6时,夜班应增加工资的20%。

劳动报酬:根据联合国最低贫困标准,几内亚当地劳工每日工资最低不得少于1美元。

社会保险:雇主要为雇员向全国保险局支付社保。社会保险包括:养老金,工资的7%,其中雇员支付3%,雇主支付4%;工伤事故险,工资的2%,由雇主支付;家庭补贴,工资的7%,由雇主支付。

2. 外国人在当地工作的规定

外籍劳务需遵守几内亚劳动法,办理长期签证(1年或2年)和居留证,支付社会保险,缴纳个人所得税。

采矿行业外国从业者的劳动许可由几内亚促进就业办公室(AGUIPE)或地质部门许可的替代部门颁发。

3. 外国人在当地工作的风险

外籍劳工面临的务工风险主要是安全风险,包括战乱、政局动荡、工作条件、疾病流行等。外籍劳工应选择大的国际公司签约劳务合同,防止上当受骗。

几内亚自然环境恶劣,气候炎热,尤其雨季蚊虫肆虐,传染病和寄生虫病多发。雨季期间为疟疾高发期。此外,肠道血吸虫病、蟠尾腺虫病和脑膜炎等流行病及肝炎、结核、麻风等传染病也较多发。几内亚曾暴发埃博拉病毒疫情,造成大量人员感染甚至死亡。

几内亚综合治安状况较差,偷盗、抢劫等现象时有发生,"吃拿卡要"等敲诈勒索现象也比较普遍。在远离城市的偏僻地区进行工程施工有一定安全风险。

第七节 环保政策

1. 环保管理部门

几内亚负责环保的政府机构为环境、水域、林业和可持续发展部,主要职责是:制定、协调、执行、监督可持续发展与环境保护国家政策与战略;以环保为动力,对国民经济、能源、土地资源进行重新规划;研究和批复有关具体部门的环保报告;协调国家环保管理计划的更新行动;提供环保咨询意见;参与国际环保组织的各项活动。

2. 主要环保法律法规名称

1989年几内亚颁布了《几内亚共和国环境开发和保护法》,规定了环境保护和管理的法律总框架。

3. 环保法律法规基本要点

《几内亚共和国环境开发和保护法》的基本要点如下：企业在经营过程中如涉及森林、动植物、大气、水体保护及污染事故，需拟订环境保护方案，报有关部门批准，作为企业经营的前提条件。在项目进行过程中，企业必须减少对环境的破坏和对居民的影响，如造成损害或需移民应给予补偿。如违反有关法律，情节较轻者处以5~100万几内亚法郎罚款，情节严重者判处1~5年有期徒刑。

4. 环保评估的相关规定

近年来，几内亚政府加大了对环境保护的力度，如在矿业法规中加入"企业开采后需将环境恢复原貌"等环保条款。要求对生产经营可能产生的环境污染事先进行科学评估，同时在规划设计过程中制订好解决方案。

从事的任何矿产活动必须遵从环境保护和管理以及健康方面的法律法规。许可证或采矿证的申请书必须包含一份符合《几内亚共和国环境开发和保护法》及其执行条款、相关国际标准的环境与社会影响研究报告。

勘探许可证要求提供《环境影响说明书》。开采许可证或采矿特许权证要求提供详细的《环境与社会影响研究报告》，还需附带《环境与社会管理方案》《危险研究报告》《卫生、健康与安全方案》和《迁移人口重新安置方案》。

对于勘探许可证，《环境影响说明书》必须在开工前、证书发放日后6个月提交。采用的技术和方法必须按照《几内亚共和国环境开发和保护法》和相关的最佳国际做法用于保护环境，确保工作人员和周边居民的安全。

采矿许可证、采石场开采许可证持有人必须按照《环境与社会管理方案》开启一个环境修复信用账户，确保持证人开采工地的修复和关闭。用于环境修复的拨款可免缴工业利润税和商业利润税。

第八节　在几内亚注册公司流程

中国矿业企业在几内亚注册公司整体较为简单，以下分别介绍。

一、国内部分

国内公司总部首先需要准备以下材料：董事会决议、最近一年经审计财务报表、公司注册证书、公司章程、授权委托书等。材料准备齐全，任何人都可以在几内亚选择设立适合自己经营范围类型的公司。允许的形式包括合股公司、两合公司、有限责任公司、股份有限责任公司和经济利益集团。

几内亚负责企业注册的部门为贸易、工业和中小企业部，司法部，税务局和劳动局。可通过当地公证员，提供企业章程、法人或自然人资格证明、当地银行开户证明、企业办公地点证明等，支付约1000美元服务代理费，由公证员代为办理注册手续。一般需要1个月左右。

二、在几内亚办理相关程序

(1)向司法部申请注册，需提交：公司章程、银行资金证明、法人代表护照（复印件）、身份照2张、登记费10万几内亚法郎。有限责任公司最低注册资本500万几内亚法郎；有限股份公司最低注册资本为5000万几内亚法郎。

（2）向贸工部申请商人证，需提交：司法部颁发的公司登记证、租房合同、居留证或长期签证、身份照2张、登记费3万几内亚法郎。

（3）向劳动部申请企业管理人员劳动许可，需提交劳动合同（有效期两年以上）。

（4）向国家税务局申请办理税务登记。

三、完成注册后拿到的文件

完成注册后拿到的文件有营业执照、税务登记号NIF、税票、银行开户材料等。

第九节　与中国的关系

1959年10月4日，几内亚与中国建立外交关系，是中国在撒哈拉以南非洲第一个建立外交关系的国家。建交后，两国高层互访不断，增进了两国人民之间的友谊。1960年，塞古·杜尔总统访华，是撒哈拉以南非洲国家首位访问中国的领导人。1964年周恩来总理出访撒哈拉以南非洲，到访几内亚。此后，兰萨纳·孔戴总统于20世纪80年代末至90年代初3次访华。2011年9月，阿尔法·孔戴总统参加在中国大连举行的达沃斯论坛并访华，时任国家主席胡锦涛、总理温家宝分别予以会见。2015年8月10日，中国外交部长王毅访问几内亚。阿尔法·孔戴总统在总统府会见王毅外交部长，感谢中国在几内亚抗击埃博拉疫情时提供的大力帮助。

2016年10月25日至11月5日，阿尔法·孔戴总统对中国进行了国事访问。国家主席习近平2016年11月2日在人民大会堂同几内亚总统阿尔法·孔戴举行会谈。两国元首决定建立中几全面战略合作伙伴关系，以落实中非合作论坛约翰内斯堡峰会成果为契机，全面深化拓展两国各领域友好互利合作，为中几关系开创更加广阔的未来。李克强总理、张德江委员长分别同阿尔法·孔戴总统会见。

2017年3月21—22日，杨洁篪国务委员访问几内亚，与阿尔法·孔戴总统先后举行了3次会谈会见。2017年9月，几内亚总统阿尔法·孔戴以非盟轮值主席身份应邀赴厦门出席新兴经济国家与发展中国家领导人对话，并与习近平主席举行双边会谈。

2017年9月16日，《中华人民共和国政府和几内亚共和国政府关于互免持外交、公务护照人员签证的协定》生效。持本国有效外交、公务护照（含公务普通护照）公民，在缔约另一方入境、出境或者过境，停留不超过30天可免办签证。

2018年8月17日，国家发展和改革委员会宁吉喆副主任与几内亚总统府办公厅卡巴国务部长在北京共同主持召开中几"资源换贷款"协调人会议。

2018年9月1日，国家主席习近平在北京人民大会堂会见了几内亚总统阿尔法·孔戴。

2018年12月4日，驻几内亚大使黄巍会见几内亚地矿部长马加苏巴。

2019年1月16日，几内亚石油部长会见我国驻几内亚大使表示，希望双方能建立良好合作关系，推动几内亚石油开发取得进展。

2019年11月16—18日，为庆祝中几建交60周年，全国人大常委会副委员长武维华率团访问几内亚，会见总统阿尔法·孔戴、总理福法纳，同国民议会议长孔迪亚诺举行会谈。

第六章　认识和建议

第一节　矿业投资案例分析

一、成功案例分析

1. 赢联盟勘查开发案例

赢联盟由山东魏桥创业集团旗下的中国宏桥集团、中国烟台港集团、新加坡韦立国际集团和几内亚UMS共4家企业组成，由中国宏桥集团主导开矿，新加坡韦立集团负责海运，中国烟台港集团负责铝土矿港口运输，几内亚UMS运输公司负责陆地运输，快速实现几内亚铝土矿资源开发和海运。赢联盟运用河港接驳外海锚地的运输方式，实现了矿石依靠20万t级大吨位货轮快速运输出海，大幅降低了物流和海运成本，将几内亚铝土矿运抵中国烟台港。赢联盟与河南国际矿业开发有限公司和法国AMR矿业公司等企业合作出矿，目前已成为几内亚最大的铝土矿出口方。

2010年至2013年，通过多方面信息搜索，赢联盟对于几内亚的铝土矿资源分布状况、《几内亚共和国矿业法》的要求、矿业开发与出口情况、几内亚资源与开发动态等有了深入的了解。

2014年8月，第一支资源勘探小组，对诺尼兹河两岸1400 km²内的资源进行勘探、评估，根据初步考察情况和铝土矿资源状况，迅速、大胆地做出决策，项目实施与法律文件和程序同步进行。

2014年11月，在博凯矿区取得第一个矿区的探矿权，该地块已探明的铝土矿储量为6.24亿t。随后，赢联盟在几内亚注册成立了2家公司：赢联盟港口公司（WAP）和博凯矿业公司（SMB），统称为"赢联盟集团"（WAG），后续又成立了赢联盟几内亚铁路公司等，这些几内亚企业分别承担矿山开采、港口建设运营和铁路建设等工作。

2015年2月，几内亚矿业项目完成法律程序，为项目的顺利进行奠定基础，最终经过多次方案论证确定以自主开发勘探新矿区的模式进行。海上物流项目、港口建设的法律手续已经完备，港口选址和物流方案得以确定。

2015年3月26日，博凯港奠基仪式和卡杜古玛医疗站奠基仪式举行。

2015年7月20日，经过100天的建设，卡杜古玛港口投产运营，赢联盟举行了盛大的几内亚铝土矿首装船仪式。

2015年9月25日，首船18万t几内亚铝土矿离开博凯港，于11月14日抵达烟台港。2015年度累计出口几内亚铝土矿100万t。

2016年3月启动二号港区的建设，10月就投入运营。当二号港区周边归属赢联盟的资源接近枯竭时，通过利用自采和买矿的方式，与当地企业GDM和法国企业AMR开始合作采矿业务，形成每天15万t的开采能力，满足出矿需求。2016年度出口几内亚铝土矿1150万t。2017年度出口几内亚铝土矿 3150 万 t。

2018 年 11 月,与几内亚政府签署三大协议,以实施博凯地区综合项目,包括从博凯到博法建设 135km 铁路线,圣图和宏达新矿区近 10 亿 t 新增铝土矿资源开发,在博凯建造和经营氧化铝精炼厂,并获得国民议会批准。2018 年度出口几内亚铝土矿 4300 万 t。

2019 年 2 月 4 日几内亚总统颁布总统令,授权通过了 2018 年 11 月 26 日几内亚政府同赢联盟 SMB(博凯矿业公司)的铝土矿开采特许权协议及氧化铝厂、铁路的协议。

2019 年 3 月 29 日,几内亚第一条现代化铁路——赢联盟达圣铁路开工。达圣铁路位于几内亚西北部博凯区和金迪亚区境内,线路全长约 135km,起点位于博凯地区赢联盟达比隆港,终至金迪亚区赢联盟圣图矿区,是赢联盟圣图矿区开采运输的配套工程,也是服务于河南国际等沿途铝土矿企业的重要基础设施。2021 年 6 月 16 日,达圣铁路顺利竣工。2021 年 7 月 22 日,几内亚达圣铁路首趟万吨运矿重载列车在 2 台机车的牵引下,从圣图矿区站驶出,历时 2 小时 22 分抵达达比隆港站。达圣铁路首趟万吨大列开行成功。

赢联盟几内亚项目建设的数个矿区、运矿道路、博凯港等基础设施建设已经顺利完成,目前已经形成年出口 5000 万 t 铝土矿的能力,桑图矿区的铁路正在建设中。从 2015 年开始到 2020 年,"赢联盟"从几内亚运回了超过 1.7 亿 t 铝土矿,博凯矿区已经成为全球第一大铝土矿开采和出口基地,使几内亚成为世界第一大铝土矿出口国。

赢联盟项目参照国际一流采矿标准打造,为《国际矿业透明度公约》框架内企业,并聘请法国咨询公司 Louis Berger 为项目做详细专业的社会、环境影响评估报告和管理计划,把对社会、环境的影响降到最低水平(国际铝业协会,2018)。

赢联盟快速执行复垦计划,采空区迅速恢复青山绿水和发展农业种植,恢复生态系统,促进农业发展。同时,赢联盟注重和当地社区的融合,为周边社区修建道路、医院、学校、培训中心、水井、足球场等,建设 16km 全天候公路路面,每年为 20~30 名几内亚公务员提供 Sun 培训奖学金,培训和支持当地的工作人员和社区,推出了 2 个奖项:"SMB——赢联盟太平洋开发奖"和"SMB——赢联盟和谐发展奖"。如果项目的生产不受人为干扰,那么工作人员和社区都将获得额外的奖励。在 2017 年 4 月和 5 月的博凯骚乱期间,项目得到了当地工作人员和当地社区的良好保护。

项目的成功运营,带动了几内亚国内生产总值的增长,改善了几内亚的外汇收支状况,为几内亚创造近 10 000 个直接就业岗位,20 000 个间接就业岗位,受益家庭 10 多万户。

此外,2019 年 11 月 13 日,几内亚地矿部向赢联盟颁发《中标通知书》,赢联盟获得了西芒杜铁矿 1 号、2 号区块的开发权。根据赢联盟开发西芒杜铁矿 1 号、2 号区块基建计划,赢联盟将在几内亚所属大西洋海岸的 Matakon 修建一个深水港口。主导修建 679km 的西芒杜铁矿-Matakon 深水港口铁路,除了运输铁矿石在外,还将运输集装箱、木材、客运、LOLA 省的钴矿、铜矿、石墨矿等。这条铁路将向其他企业开放,共用共享,合作共赢。2020 年 6 月,赢联盟与几内亚政府正式签署协议:几内亚政府占 15% 干股,赢联盟占 85% 股份。2020 年 9 月,西芒杜赢联盟与天津华勘集团有限公司签署《几内亚西芒杜铁矿战略合作协议暨勘探合同》,随即华勘地质队伍开拔几内亚,正式开工。2020 年 10 月,赢联盟举行几内亚西芒杜铁矿项目港口奠基仪式。2020 年 11 月,西芒杜矿山工程设计遴选会在北京举行。2020 年 11 月 12 日赢联盟西芒杜 1 号、2 号矿块铁路和港口公约同时正式签署,为赢联盟西芒杜项目的全面推进奠定了坚实的基础,承诺 2025 年正式投产。

2. 中国铝业勘查开发案例

2010 年 7 月,中铝与力拓签订几内亚西芒杜铁矿开发协议,双方成立合资公司,共同开发西芒杜铁矿,所占项目股权分别为 44.65% 和 50.35%,剩余 5% 的股权由世界银行附属机构国际金融公司(IFC)拥有。

2011 年 11 月,中国铝业的母公司中国铝业集团有限公司(中铝集团,时称中国铝业公司)联合宝钢集团、中国铁建、中国交通建设和中非发展基金,组成了一支矿业开发的国家队,与国际金融公司(IFC)一道,共同加入了铁矿石巨头力拓在几内亚的西芒杜铁矿项目。

2011年9月,该国颁布了新的矿业法,加之国际铁矿石持续下跌,力拓和中铝的财务状况也持续承压,西芒杜项目被迫搁浅。

2013年,《几内亚共和国矿业法》再次修订后对西芒杜项目一度产生积极影响。2014年5月,各方曾达成一项更新框架协议。然而好景不长,随后埃博拉病毒大面积暴发,几内亚进入卫生紧急状态。

2016年,力拓最终决定退出西芒杜。2016年11月,由于资金链紧张,力拓以13亿美元向中铝出售了其西芒杜铁矿项目股份,中铝和力拓签订了西芒杜项目转让框架协议,承接其在合资公司中的全部权益。然而,转让的过程亦不顺利,双方目前仍未达成最终的出售协议。

几内亚西芒杜铁矿的铁矿石储量达24亿t,预计总资源量接近50亿t,是一座世界级的大型优质露天赤铁矿,也被业界认为"可能改变全球铁矿石供需格局和国际市场游戏规则"。拥有符合澳洲联合矿石储量委员会标准的铁矿石储量和资源量约26.79亿t,项目整体矿石品位介于66%~67%,矿山整体品质位居世界前列。

2016年10月31日,上市公司中国铝业与几内亚政府、几内亚国家矿业公司就Boffa区块开发合作签署合作框架协议。

2018年6月8日,中国铝业所属的中国铝业香港有限公司与几内亚政府在几内亚首都科纳克里正式签署博法铝土矿项目矿业协议。

博法项目矿区位于几内亚博法省省会博法市东北部,建设总投资预计约7.06亿美元,主要分为矿山、港口、驳运3部分,将分别设立独立的投资主体并负责运营。博法131铝土矿项目分为南、北两个矿区,面积分别为599km^{2}和658km^2;可利用资源储量约17.5亿t,其中氧化铝含量约39.1%,二氧化硅含量约1.1%。博法铝土矿项目将使中铝铝土矿资源量增加2倍以上。

2018年10月28日,中铝几内亚博法铝土矿项目正式开工。

2019年9月1日,中铝几内亚博法项目开始试生产,10月6日正式采矿,12月10日,两台皮带输送装船机安装调试就位,达到装船所需全部条件。

2019年12月15日,中铝几内亚博法铝土矿项目首船装船仪式在科卡亚港多功能码头举行,中铝几内亚博法项目首船矿石正式开启回国之旅。

2020年1月5日,中远海运散运中铝几内亚项目首艘装运船舶"衢山海"轮顺利完成了55 000t铝土矿的装货任务,正式起航,经过约11 600海里(1海里≈1.85km)、40余天的航行,2020年2月25日"衢山海"号抵达日照港。3月1日,几内亚博法项目1号码头及其输送系统重载试车成功。2020年底,中铝博法项目共生产并运回国内699万t铝土矿。

3. 国家电投铝土矿勘查开发案例

2008年9月国家电投集团前身——中国电力投资集团与几内亚政府签署了谅解备忘录,获得几内亚博凯地区3650号矿区2269km^{2}铝土矿资源勘探证,并计划进行铝土矿、氧化铝、电力及路港物流建设等一揽子合作开发项目。这是迄今为止我国在海外获得的最大铝土矿区块。经勘探,氧化铝含量不低于42%的铝土矿储量在9亿t以上。

2009年9月,中国电力投资集团全资子公司中电投国际矿业投资有限公司(中电投国际矿业公司)在北京注册成立,标志着从集团层面上确立了中电投向国际上游资源迈进的战略。

2013年9月,中电投国际矿业公司与几内亚政府签署了《中电投几内亚铝业项目特许权协议》。根据已披露的协议内容,中国电力投资集团将建设一座铝土矿矿山,建设400万t年生产能力的氧化铝厂,项目还配套建设电厂和年吞吐能力达800万t的深水港。项目配套的维嘉港口是几内亚除现有的科纳克里港和卡姆萨尔港之外,最适合建设大型深水港的港址。维嘉工业园占地46.4hm^2(1hm^2=0.01km^2)。

2018年3月，国家电投下属的铝电投资有限公司与中国水利水电第三工程有限公司签署战略合作框架协议，双方将建立战略合作伙伴关系，并就几内亚铝业开发项目从股权到业务开展全面合作。

2019年11月，中国港湾公司中标国家电力投资集团有限公司几内亚铝业开发项目一期港口工程。由于前期基础设施投资规模大、周期长，项目进展缓慢。

4. 河南国际铝土矿开发案例

2007年5月，河南国际合作集团在几内亚博凯地区取得558 km^2 区块探矿权，这也是中国企业在几内亚取得的第一处探矿权，同年组建河南国际矿业开发有限公司(CDM)负责具体经营管理和项目开发工作；2008年与几内亚政府签署了项目开发框架协议。经勘查40%以上铝土矿储量达15亿t。

2010年10月，河南国际的全资子公司——河南国际矿业开发有限公司获得几内亚博凯地区558 km^2 铝土矿项目特许开采权。

2017年实现出口铝土矿约150万t，2018年实现出口约401万t，稳产后将实现年出口1000万t铝土矿的能力。

5. 润迪金波(KIMBO)铝土矿开发案例

2017年初山东淄博润迪铝业有限公司正式启动几内亚铝土矿项目工作。

2018年11月19日，获得几内亚政府颁发的两处铝土矿特许采矿权，有限期25年。项目位于博凯大区弗里亚省，距离首都科纳克里约145km，项目总面积838.63 km^2，预计总储量超过10亿t。

山东淄博润迪铝业与几内亚本土企业——金波铝土矿开发公司组成战略合作伙伴，成立合资公司几内亚金波矿业，联手共同开发润迪金波(KIMBO)铝土矿。KIMBO铝土矿项目，计划年产1000万t，未来将建设年产300万t的氧化铝厂。

2018年12月17日，几内亚金波铝土矿开发公司和山东淄博润迪铝业公司联合与几内亚政府签署了FRIA省铝土矿项目《矿业协议》。

2019年3月22日由金波铝土矿开发有限公司运作的金波联合港口建设项目在几内亚博法市法塔拉河金波联合港口建设基地举行奠基典礼。

金波联合港口是由中国烟台港集团、新加坡高顶国际、几内亚金波矿业三方利用各自的优势共同投资组建的合资公司。

金波联合港口建设项目设计能力为1000万t/a，预留1500万t/a的能力。

二、投资不成功案例

目前中资企业刚刚进入几内亚矿业市场，矿业项目多处在勘查、基础建设阶段，少量已经出矿开发，少有中途放弃退出几内亚市场的企业案例。

中国新时代控股(集团)有限公司与中国地质工程集团在几内亚金迪亚地区拥有3个矿区的铝土矿开采证，探明储量约7300万t。铝土矿项目占地约170 km^2，距离附近铁路约27km，铁路距离科纳克里港口约135km。曾计划投资建设道路、码头等基础设施，由于央企内部政策调整，他们选择转让出售该项目。

第二节 风险预警

1. 不利因素

(1) 政局及政策稳定性。自2019年总统启动修宪计划以来，几内亚反对派等纷纷走上街头示威游行，并时有发生阻断交通、焚烧车辆和设施、暴乱等。2021年9月5日，几内亚发生军事政变，更使几内亚的政局发生了极大变动，目前政变军人宣布扣押阿尔法·孔戴总统，废除宪法、解散政府、关闭边境，成立全国团结和发展委员会并接管权力。未来一段时间，几内亚政局必将发生较大的变动。

(2) 几内亚基础设施比较薄弱，配套服务落后，工业生产物资匮乏。矿山开发所必需的能源和基础设施条件几乎没有，需要建设电厂、公路、铁路及海运码头等。几内亚目前电力供应比较紧张，主要电力来源于水电。但几内亚每年有6个月的旱季，旱季期间水电站因水量不足无法满负荷发电。当地水电供应较为短缺，中资企业应考虑自行解决水电问题。

(3) 按照几内亚现行的《几内亚共和国矿业法》，外资矿企在几内亚申请获得矿产资源开采权，必须在几内亚注册成立几内亚法人企业。而几内亚政府必须在这家外资矿企注册成立的几内亚法人企业中占据一定比例的干股。几内亚政府将在外资矿企在几内亚开发矿产资源项目中依法所占的干股，全部委托给几内亚国家矿业公司负责管理、保值增值。几内亚国家矿业公司目前正在与多家外资矿企谈判，希望获得国家股权比例内铝土矿商业化的权利。

(4) 为了提高价值链，加速几内亚工业化进程，几内亚政府要求外国矿企必须在几内亚就地深加工一部分矿石，提升价值链，帮助几内亚逐步实现工业化。阿尔法·孔戴总统曾多次表示，凡是年开采铝土矿超过1500万t的外国矿企，必须在几内亚投资建设氧化铝厂，将一部分铝土矿就地加工成氧化铝，提升价值链。

(5) 几内亚投资法规对外设限少，但部分税种偏高，如进口关税和进口环节税等，经营成本较高，企业应做好项目可行性分析，降低运营风险。

(6) 几内亚货币稳定性及外汇管理方面需要引起重视。几内亚汇款成本偏高，外汇管理较复杂，且多年来几内亚法郎货币贬值严重，企业面临一定汇率风险。2002年几内亚法郎对美元汇率为2000几内亚法郎兑1美元，2020年9300几内亚法郎兑1美元。

(7) 行政、银行等部门办事效率较低，官僚主义和普遍的腐败严重阻碍了几内亚的经济发展。当地也经常出现收取预付款后，不履行约定事项，预付款也难以退回的情况。债务拖欠、商业欺诈等违规行为时有发生。在2019年营商环境报告中显示，几内亚在非洲54个国家中排名第30位，在全球190个国家中排名第152位。根据联合国贸发会议《2019年世界投资报告》，2017年至2018年，外国直接投资流入量从5.77亿美元略降至4.83亿美元。外国直接投资存量上升至2018年的470万美元。

(8) 工人技能水平不高，罢工事件频发。几内亚劳动力技能普遍不高，缺少熟练技术人员。为改善工作条件、提高工资水平，近年来几内亚罢工活动频发，严重影响了矿山企业的正常经营。

(9) 自然环境恶劣，工作生活条件差。几内亚地处西非，气候炎热，尤其雨季蚊虫肆虐，传染病和寄生虫病多发。几内亚主要流行疾病有疟疾、霍乱、寄生虫、腹泻、皮肤病和性病等。其中危害最大的是疟疾，但恶性脑疟较少，换季和雨季期间为高发期。此外，肠道血吸虫病、蟠尾腺虫病和脑膜炎等流行病及肝炎、结核、麻风等传染病也较多发。几内亚曾暴发埃博拉病毒疫情，造成大量人员感染，甚至死亡。

二、其他风险

（1）几内亚综合治安状况较差，偷盗、抢劫等现象时有发生，"吃拿卡要"等敲诈勒索现象也比较普遍。在机场、主要道路上经常会遇到公务人员以检查为名拦路索取钱物现象，语言不通的中国人经常成为他们的敲诈对象。建议尽量集体出行，避免夜间外出，避免前往偏僻区域；不随身携带贵重物品和大量现金；随身携带护照、居留证、工作证、身份证原件或复印件等以备随时查验，并注意查验者的身份，不要随意将证件交给未穿制服者和没有警察工作证者；遇突发事件或紧急情况时保持冷静、妥善应对、及时报警，同时报告中国驻几内亚大使馆。

（2）几内亚属世界上最不发达国家，食品和饮用水均达不到卫生要求，几内亚医疗条件和卫生系统应对重大疫情能力也有待提高，经常造成人员伤亡，对经济也造成较大冲击。前往几内亚开展劳务，应特别留意几内亚疫情情况，提前注射相关疫苗，在当地务工做好疾病防护。

（3）防范埃博拉病毒及寄生虫病等传染病。2015年12月29日，世界卫生组织宣布，几内亚埃博拉疫情结束，几内亚共有3804名埃博拉病毒感染者，共造成2536名感染者死亡。尽管已宣布疫情结束，中国驻几内亚使馆经商参处仍提醒驻几内亚各中资机构、援外专家组及国内临时来访团组采取必要措施，加强卫生防疫，避免前往人群密集的公共场合，尽量减少与他人肢体接触，避免接触灵长类和其他野生动物，避免接触病者血液、体液、排泄物，注意个人卫生和环境卫生，食用清洁食品。建议中资企业及机构做好应对埃博拉疫情的工作预案。

投资几内亚矿业时必须认真考虑上述因素的制约，结合对人身和财产安全风险、汇率风险、付款风险、商业欺诈风险等各种风险的认识，认真研究应对措施，降低投资风险。

第三节 投资建议

一、有利条件

1. 几内亚资源潜力大

几内亚铝土矿储量大，铝硅比低，质量好。资源量估计在400亿t左右，探明约70亿t。几内亚铝土矿属于在低温下易加工提炼的三水型铝土矿，矿床埋藏浅，基本无需剥离，可露天开采，矿石品位可达45%~60%，二氧化硅含量1%~3.5%。

几内亚铁矿资源量估计在199亿t左右，主要赋存于东南部的宁巴山脉和西芒杜山脉，在福雷卡里亚、凯鲁阿内、法拉纳等省份也有铁矿产出。

几内亚金矿估算储量达673t，主要分布在锡吉里盆地、库鲁萨丁吉拉伊和芒贾纳地区，古河道两岸大量民众淘金活动，金矿权几乎覆盖了整个锡吉里地区。金矿有砂金矿、红土化残坡积型及原生石英脉型等类型。

2. 矿产勘查程度低，开发力度小

虽然几内亚也系统开展了一些基础性的地质调查工作，但整体矿产勘查程度不高，除铝土矿资源的

分布情况明朗、勘查程度相对较高外,几内亚其他矿种找矿潜力仍然很大,铁矿和金矿的资源潜力情况评价需要开展进一步的工作,其他金属矿产的资源情况更是不明,需要开展系统调查评价工作。目前正在开发的仅以靠近海岸线或邻近大型河流的铝土矿和锡吉里地区的2家金矿企业为主,其他均为小规模开发。这为开展矿产资源勘查和开发提供了很好的机遇。

二、可投资矿业领域

几内亚是联合国公布的最不发达的国家之一,经济发展基础薄弱,基础设施和制造业产业极不完善,交通、通信不畅,水、电和生产物资供应匮乏,矿山开发往往需要大量的基础设施投资,开展矿业投资前应充分考虑,做好可行性分析。

几内亚的矿业投资当以铝土矿、铁矿、黄金等优势矿种为重点投资方向,铁、铝土矿等大宗矿产品优先考虑港口和道路运输条件。

铝土矿方面,应优先考虑距离下几内亚地区的优势矿产区域,尤其是具有一定河港、道路或者铁路运输条件的区块,减少前期基础设施投资,降低投资风险。中几内亚地区的铝土矿资源由于运输成本高和基础设施建设条件较差,可作为资源储备考虑。

铁矿方面,可做好福雷卡里亚、基西杜古—凯鲁阿内、法拉纳等地区的铁矿资源调查和评价,对西芒杜、宁巴山、佐格塔等已探明的世界大型铁矿参与机会不多。

金矿方面,几内亚金矿集中产出在锡吉里盆地及库鲁萨、芒贾纳、凯鲁阿内等省份,尤其是深大断裂及分支断裂的边部,除关注砂金和红土残坡积型金矿床外,应注重工业化开采原生矿床的找矿,提高储量规模和开发潜力。在铁硅铝质壳覆盖地区的地球化学测量对原生金矿的找矿效果欠佳。

具有基础设施建设实力的大型企业,可考虑借助基础建设契机,收购铁路或公路沿线具有资源潜力的矿业区块,充分发挥基础设施效能,增加资源储备和开发,但也需注意沿途设置的国家战略区域,如2019年12月底,几内亚政府在西芒杜西北侧凯鲁阿内—法拉纳省之间新划定了19 664 km^2 的战略区域。同时,注意在矿业协议谈判中的基础设施经营期限等内容,保障投资利益最大化。

主要参考文献

陈志友,2016. 几内亚锡吉里省 TORO 金矿地质特征及找矿方向[J]. 西部探矿工程,5:87-93.

江思宏,张莉莉,刘翼飞,等,2020.非洲大陆金矿分布特征与勘查建议[J]. 黄金科学技术,28(4):465-478.

孙建虎,2012. 几内亚金矿地质特征及成矿条件分析[J]. 企业导报(6):273-274.

徐宏伟,张先忠,2009.几内亚共和国博凯地区红土型铝土矿地质特征和成矿机理初探[J].长春工程学院学报(自然科学版),10(1):87-91.

尹艳广,李伟,阮平鸿,等,2020.几内亚尼亚加索拉(Niagasola)金矿区矿床地质特征及找矿标志[J]. 矿产勘查,11(6):1263-1269.

元春华,刘大文,连长云,等,2012.几内亚地质矿产与矿业开发[M].北京:地质出版社.

张成学,王国库,张泽夏,等,2009.几内亚共和国博凯 558 铝土矿区地质特征[J].华南地质与矿产,(2):20-23.

张海坤,胡鹏,姜军胜,等,2021.铝土矿分布特点、主要类型与勘查开发现状[J]. 中国地质,48(1):68-81.

AFANASIEV V, ASHCHEPKOV I, 2005. Using deep seated minerals from new kimberlite field in Guinea for mantle reconstructions [J]. Geophysics, 7:208.

BERGE J W, 1974. Geology, Geochemistry and origin of the Nimba itabirite and associated rocks, Nimba County, Liberia [J]. Economic Geology, 69:80-92.

BOUKES N J, GUTZMER J, MUKHOPADHYAY J, et al., 2003. The geology and genesis of high grade hematite ore deposits [J]. Applied Earth Science IMM Transactions Section B, 112(1):18-25.

COHEN H A, GIBBS A K, 1988. Is the equatorial Atlantic discordant [J]. Precambrian Research, 42:353-369.

COPE I L, WILKINSON J J, BOYCE A J, et al., 2005. Genesis of the Pic de Fon Iron Oxide Deposit, Simandou range, Republic of Guinea, West Africa [J]. Fremantle, 9:19-21.

EGAL E, THIEBLEMONT D, LAHONDERE D, et al., 2002. Late Eburnean granitization and tectonics along the western and northwestern margin of the Archean Kénéma-Man Domain (Guinea, West African Craton) [J]. Precambrian Research, 117:84.

FEYBESSE J L, BILLA M, GUERROT, C, 2006. The Palaeoproterozoic Ghanaian province. geodynamic model and ore controls, including regional stress modelling [J]. Precambrian Research, 149:149-196.

GARTNER A, VILLENEUVE M, LINNEMANN U, et al., 2013. An exotic terrane of Laurussian affinity in the Mauritanides and Souttoufides (Moroccan Sahara) [J]. Gondwana Research, 24:

687-699.

GREHOLM M, 2014. The Birimian event in the Baoulé Mossi domain (West African Craton)-regional and global context [D]. Lund:Lund University.

HAGEMANN S G, ANGERER T, DUURING P, et al., 2016. BIF-hosted iron mineral system: a review [J]. Ore Geology Reviews, 76: 317-359.

JOHNSTON L A, 2017. Steel pipe dreams: a China-Guinea and China-Africa lens on prospects for Simandou's iron ore [J]. The Extractive Industries and Society, 4(2): 278-289.

HIRDES W, DAVIS D W, 2002. U-Pb geochronology of paleoproterozoic rocks in the southern part of the Kedougou-Kéniéba inlier, Senegal, West Africa: evidence for diachronous accretionary development of the Eburnean province [J]. Precambrian Research, 118:83-99.

JOHN T, KLEMD R, HIRDES W, et al., 1999. The metamorphic evolution of the Paleoproterozoic (Birimian) volcanic Ashanti belt (Ghana, West Africa) [J]. Precambrian Research, 98:11-30.

JUAN G S, 2012. Structural geology and controls of gold mineralization in the Siguiri Mine, Guinea, West Africa [D]. South Africa: University of Stellenbosch.

KOUAMELAN A, DELOR C, PEUCAT J J, 1997. Geochronological evidence for reworking of Archean terrains during the Early Proterozoic (2.1 Ga) in the western Cote d'Ivoire (Man Rise-West African Craton) [J]. Precambrian Research, 86:177-199.

LEBRUN E, THEBAUD N, MILLER J, et al., 2016. Geochronology and lithostratigraphy of the Siguiri District: implications for gold mineralisation in the Siguiri Basin (Guinea, West Africa) [J]. Precambrian Research, 274: 136-16.

LEBRUN E, THEBAUD N, MILLER J, et al., 2017. Mineralisation footprints and regional timing of the world-class Siguiri orogenic gold district (Guinea, West Africa) [J]. Mineralium Deposita, 52(4): 539-564.

MARKWITZ V, HEIN K A, MILLER J, 2016. Compilation of West African mineral deposits: spatial distribution and mineral endowment [J]. Precambrian Research, 274: 61-81.

PONSARD J F, ROUSSEL J, VILLENEUVE M, 1988. The Pan-African orogenic belt of southern Mauritanides and northern Rokelides (southern Senegal and Guinea, West Africa): gravity evidence for a collisional suture [J]. Journal of African Earth Sciences, 7:463-472.

ROLLINSONH, 2016. Archaean crustal evolution in West Africa: a new synthesis of the Archaean geology in Sierra Leone, Liberia, Guinea and Ivory Coast [J]. Precambrian Research, 281: 1-12.

SIDIBE M, YALCIN M G, 2019. Petrography, mineralogy, geochemistry and genesis of the Balaya bauxite deposits in Kindia Region, Maritime Guinea, West Africa [J]. Journal of African Earth Sciences, 149: 348-366.

STEYN J G, 2012. Structural geology and controls of gold mineralization in the Siguiri Mine, Guinea, West Africa [D]. Stellenbosch:University of Stellenbosch.

SUTHERLAND D G, 1993. The diamond deposits of the Mandala basin, SE Guinea, West Africa [J]. Earth and Environmental Science Transactions of The Royal Society of Edinburgh, 84(2): 137-149.

THIEBLEMONT D, DELOR C, COCHERIE A, et al., 2001. A 3.5 Ga granite-gneiss basement in Guinea: further evidence for early archean accretion within the West African Craton [J]. Precambrian Research, 108 (3/4): 179-194.

THIEBLEMONT D, GOUJOU J C, EGAL E, et al., 2016. Archean evolution of the Leo Rise and its Eburnean reworking [J]. Journal of African Earth Sciences, 39:97-104.

VILLENEUVE M, BELLON H, CORSINI M, et al., 2015. New investigations in southwestern Guinea: consequences for the Rokelide belt (West Africa) [J]. International Journal of Earth Sciences, 104(5): 1267-1275.

WRIGHT J B. Geology and mineral resources of West Africa [M]. London: George Allen and Unwin, 1985.

附录 1　几内亚 2013 年矿业法中文版

几内亚共和国矿产法*

---

*：文章来源：驻几内亚使馆经商处（此翻译文本仅供参考，请以法文原文为准）

几内亚矿产法（第 L/2011/006/CNT 号法律）由几内亚共和国国家过渡委员会 2011 年 9 月 9 日通过；2013 年 4 月 8 日国家过渡委员会对部分章节进行了修订（L/2013/053 号法律）

目 录

第一编 总 则

第一章 释义 ……………………………………………………………………………… (84)
  第1条 释义 ……………………………………………………………………………… (84)

第二章 矿业法律体系 …………………………………………………………………… (87)
  第2条 立法目的 ………………………………………………………………………… (87)
  第3条 国家所有权 ……………………………………………………………………… (87)
  第4条 推广区域 ………………………………………………………………………… (88)
  第5条 战略储备区域 …………………………………………………………………… (88)
  第6条 法律的适用范围 ………………………………………………………………… (88)
  第7条 其他法规参考 …………………………………………………………………… (88)
  第8条 利益冲突 ………………………………………………………………………… (88)

第三章 主要矿业管理机构 ……………………………………………………………… (89)
  第9条 主要矿业管理机构 ……………………………………………………………… (89)
  第10条 保证矿业良好管理的措施 …………………………………………………… (89)

第四章 各种矿物的分类 ………………………………………………………………… (89)
  第11条 法律体系 ……………………………………………………………………… (89)
  第12条 采石场分类 …………………………………………………………………… (89)
  第13条 矿物分类 ……………………………………………………………………… (89)
  第14条 矿物分类的变动 ……………………………………………………………… (90)

第五章 从事采矿活动或采石活动的权利 ……………………………………………… (90)
  第15条 个人权利 ……………………………………………………………………… (90)
  第16条 国家权利 ……………………………………………………………………… (90)
  第17条 从事采矿活动的授权条款 …………………………………………………… (90)
  第18条 矿业协议 ……………………………………………………………………… (91)

第二编 矿权证和许可证

第一章 矿权证书 ………………………………………………………………………… (93)
  第一节 探矿许可证 ……………………………………………………………………… (93)
  第19条 赋予的权利和义务 …………………………………………………………… (93)
  第20条 探矿证数量 …………………………………………………………………… (93)
  第21条 面积 …………………………………………………………………………… (93)
  第22条 证书的授予 …………………………………………………………………… (93)
  第23条 有效期 ………………………………………………………………………… (94)
  第24条 更换 …………………………………………………………………………… (94)
  第25条 延期 …………………………………………………………………………… (94)

第 26 条	施工计划和开工	(95)
第 27 条	产品的自由处置	(95)
第二节	开采许可证	(95)
第 28 条	授予的权利	(95)
第 29 条	面积	(95)
第 30 条	证书的授予	(95)
第 30-Ⅰ 条	证书类型、方式以及可获得采矿证人员资格	(95)
第 30-Ⅱ 条	开采证申请资料的组成和审查方式	(96)
第 30-Ⅲ 条	采矿证发放后探矿证的状态	(96)
第 30-Ⅳ 条	采矿证公布	(96)
第 31 条	发现者的赔偿	(96)
第 32 条	有效期	(97)
第 33 条	更换	(97)
第 34 条	采矿的开始	(97)
第三节	采矿特许权证	(97)
第 35 条	授予的权利	(97)
第 36 条	面积	(97)
第 37 条	授予	(98)
第 37-Ⅰ 条	证书类型、方式以及可获得采矿特许权人员资格	(98)
第 37-Ⅱ 条	采矿特许权申请资料的组成和审查方式	(98)
第 37-Ⅲ 条	授予采矿特许权后探矿证的状态	(98)
第 37-Ⅳ 条	矿权相关文件的公布	(99)
第 38 条	发现者的赔偿	(99)
第 39 条	有效期	(99)
第 40 条	更换	(99)
第 41 条	采矿的开始	(99)
第二章	**各类许可**	**(100)**
第一节	勘测许可证	(100)
第 42 条	授予的权利和义务	(100)
第 43 条	许可证的授予	(100)
第 44 条	产品的自由处置	(100)
第 45 条	有效期和更换	(100)
第二节	找矿许可证	(100)
第 46 条	授予的权利	(100)
第 47 条	许可证的授予	(100)
第 48 条	有效期	(100)
第 49 条	放弃	(100)
第 50 条	撤销	(100)
第三节	手工开采许可证	(101)
第 51 条	适用范围	(101)
第 52 条	预留面积	(101)

第 53 条	可获得许可的人员	(101)
第 54 条	许可证书的授予	(101)
第 55 条	管理框架	(101)
第 56 条	授予的权利	(101)
第 57 条	面积	(101)
第 58 条	法定的权利	(101)
第 59 条	批准在国家领土内销售黄金、钻石和其他珍稀矿物	(102)
第 60 条	黄金、钻石和其他珍稀矿物的出口	(102)
第 61 条	手工业黄金的占有和销售	(102)
第 62 条	钻石和其他宝石的占有和销售	(102)
第 63 条	有效期和更换	(102)
第 64 条	矿区的复原	(102)
第四节	采石授权书	(103)
第 65 条	适用范围	(103)
第 66 条	采石场的类别	(103)
第 67 条	授予的权利	(103)
第 68 条	与土地所有人的关系	(103)
第 69 条	证书的授予	(103)
第 70 条	有效期	(103)
第 71 条	一般规定	(104)
第 72 条	违法行为	(104)
第 73 条	国有采石场的开放	(104)
第三章	有关矿权证及其他各种许可的通用条款	(104)
第 74 条	优先权	(104)
第 75 条	矿权证和许可证的重叠	(104)
第 76 条	生效	(105)
第 77 条	更换	(105)
第 78 条	延期	(105)
第 79 条	拒绝更换	(105)
第 80 条	界线划定及标界	(105)
第 81 条	报告	(105)
第 82 条	矿权证和许可证的终止	(106)
第 83 条	矿权证终止时设施及建筑物的处置	(106)
第 84 条	放弃	(106)
第 85 条	放弃生效日期	(106)
第 86 条	放弃的范围	(106)
第 87 条	不可抗力	(106)
第 88 条	矿权证与许可证的撤销	(107)
第 89 条	取消持有人的权利及义务	(108)
第 90 条	转让、转移与出租	(108)
第 91 条	转让契约登记与资金交易处理	(109)

第91-Ⅰ条	登记	(109)
第91-Ⅱ条	矿业开采证、开采特许权证或采石场开采许可证转让获得增值	(109)
第91-Ⅲ条	矿权证或许可证持有法人的股票或股票凭证的转让	(109)
第91-Ⅳ条	对矿权证或许可证持有法人进行间接控制的股权转让	(109)

第四章 获得矿权证或许可证的条件 (110)

第92条	履行的义务	(110)
第93条	无资格	(110)
第94条	连带责任	(110)

第五章 一般担保 (111)

| 第95条 | 一般自由权 | (111) |
| 第96条 | 公平对待 | (111) |

第三编 地下水和热矿的相关规定

第一章 勘探和开采 (113)

第97条	从事勘探和开采的权利	(113)
第98条	地下水和热矿的使用	(113)
第99条	勘探许可证	(113)
第100条	开采许可证	(113)
第101条	地下水和地热矿的开采	(113)
第102条	范围	(114)

第二章 法律制度 (114)

| 第103条 | 法律制度 | (114) |

第四编 从事采矿或采石作业的相关权利和义务

第一章 概述 (116)

第104条	国家矿产资源的开采	(116)
第105条	住所的选定	(116)
第106条	损失和损害的赔偿	(116)
第107条	几内亚企业的优先权	(116)
第108条	员工的雇用	(116)
第109条	员工的培训	(117)

第二章 非对外开放区域、受保护区域、或禁止勘测、勘探和开采区域 (118)

第110条	非对外开放区域	(118)
第111条	受保护区域或禁止区域	(118)
第112条	保护区域	(118)
第113条	安全扩充领域	(118)
第114条	赔偿	(118)

第三章 矿权证持有人之间的关系以及他们与国家、第三方和社区之间的关系 (119)

第一节 相邻矿产之间的关系

| 第115条 | 共同利益的施工 | (119) |
| 第116条 | 民事责任 | (119) |

第 117 条　特殊情况 …………………………………………………………………………… (119)
第 118 条　边界地带 …………………………………………………………………………… (119)
第 119 条　未解决的争议 ……………………………………………………………………… (119)
第二节　与国家的关系 …………………………………………………………………………… (119)
第 120 条　特殊授权 …………………………………………………………………………… (119)
第 121 条　基础设施的建设及归属 …………………………………………………………… (120)
第 122 条　遵守国家的国际义务 ……………………………………………………………… (120)
第三节　与第三方的关系 ………………………………………………………………………… (120)
第 123 条　持证者的权利 ……………………………………………………………………… (120)
第 124 条　赔偿 ………………………………………………………………………………… (120)
第 125 条　公益事业 …………………………………………………………………………… (120)
第 126 条　责任,损害和赔偿 ………………………………………………………………… (121)
第 127 条　第三方授权以及无赔偿 …………………………………………………………… (121)
第四节　与国家和第三方的关系 ………………………………………………………………… (121)
第 128 条　基础设施的使用 …………………………………………………………………… (121)
第 129 条　施工材料 …………………………………………………………………………… (121)
第五节　持证人和社区的关系 …………………………………………………………………… (121)
第 130 条　社区的发展 ………………………………………………………………………… (121)
第 131 条　开采区的关闭 ……………………………………………………………………… (122)

第四章　适用于放射性矿物的特殊条款 ……………………………………………………… (122)
第 132 条　适应范围 …………………………………………………………………………… (122)
第 133 条　特殊条件 …………………………………………………………………………… (122)
第 134 条　申报义务 …………………………………………………………………………… (122)

第五章　矿产废弃物的利用 …………………………………………………………………… (122)
第 135 条　预先许可 …………………………………………………………………………… (122)
第 136 条　制度 ………………………………………………………………………………… (123)

第六章　运输、处理或加工、销售和保险等活动 …………………………………………… (123)
第 137 条　运输权 ……………………………………………………………………………… (123)
第 138 条　销售权及优先购买权 ……………………………………………………………… (123)
第 138-Ⅰ条　销售权 …………………………………………………………………………… (123)
第 138-Ⅱ条　优先购买权 ……………………………………………………………………… (123)
第 138-Ⅲ条　以低于市场竞争价销售矿产品 ………………………………………………… (124)
第 139 条　加工及供应义务 …………………………………………………………………… (124)
第 140 条　遵守《保险法》的义务 …………………………………………………………… (124)
第 141 条　申报义务 …………………………………………………………………………… (124)

第七章　环境和健康 …………………………………………………………………………… (124)
第 142 条　概述 ………………………………………………………………………………… (124)
第 143 条　环境保护和健康保障 ……………………………………………………………… (125)
第 144 条　开采工地的关闭和修复 …………………………………………………………… (125)

第八章　工作卫生与安全 ……………………………………………………………………… (126)
第 145 条　法规义务 …………………………………………………………………………… (126)

第 146 条　未履行义务的情况 …………………………………………………………… (126)
第 147 条　十八岁以下人员相关的规定 ………………………………………………… (126)
第 148 条　民用炸药的使用 ………………………………………………………………… (126)
第 149 条　环境、健康和安全相关的特别条款 ………………………………………… (126)

第九章　国家参股、现场矿产资源的加工以及矿产活动的推广 ……………………… (127)
第 150 条　国家参股 ………………………………………………………………………… (127)
第 150-Ⅰ 条　国家参股的比例及方式 …………………………………………………… (127)
第 150-Ⅱ 条　矿产资源管理股份有限公司 ……………………………………………… (128)
第 151 条　矿业推广和发展中心给予行政程序的便利 ………………………………… (128)
第 152 条　矿产投资基金 …………………………………………………………………… (128)

第十章　矿业的透明化和防止贪污受贿 …………………………………………………… (128)
第 153 条　持有人的鉴定义务 ……………………………………………………………… (128)
第 154 条　禁止公司支付贿赂酬金 ………………………………………………………… (129)
第 155 条　良好行为准则 …………………………………………………………………… (129)
第 156 条　反贪污监督方案 ………………………………………………………………… (129)
第 157 条　处罚-证书的撤销 ……………………………………………………………… (129)
第 158 条　禁止公职人员及选任人员贪污 ………………………………………………… (130)

第五编　财政条款

第一章　采矿税和特许权使用税 …………………………………………………………… (132)
第 159 条　通用条款 ………………………………………………………………………… (132)
第 159-Ⅰ 条　总体原则 ……………………………………………………………………… (132)
第 159-Ⅱ 条　固定税费和年税 ……………………………………………………………… (132)
第 160 条　面积税 …………………………………………………………………………… (132)

第二章　矿产税 ……………………………………………………………………………… (132)
第 161 条　开采除贵金属外的矿产税 ……………………………………………………… (132)
第 161-Ⅰ 条　贵金属工业生产或半工业生产税 ………………………………………… (133)
第 162 条　采石矿物税 ……………………………………………………………………… (134)
第 163 条　除贵金属外的矿物出口税 ……………………………………………………… (134)
第 163-Ⅰ 条　简化申报制度 ………………………………………………………………… (134)
第 163-Ⅱ 条　贵重石料及其他宝石的出口税 …………………………………………… (134)
第 164 条　手工开采黄金、贵重石料及其他宝石的出口税 …………………………… (135)
第 165 条　不同预算分配 …………………………………………………………………… (135)
第 166 条　款中贵重石料、宝石的手工、工业和半工业生产出口税 ………………… (135)

第三章　矿业清单 …………………………………………………………………………… (135)
第 167 条　矿业清单的定义和批准程序 …………………………………………………… (135)
第 168 条　矿业清单上商品的分类 ………………………………………………………… (136)

第四章　各个开发阶段的定义 ……………………………………………………………… (136)
第 169 条　各个开发阶段的定义 …………………………………………………………… (136)

第五章　所有开发阶段的税务规定 ………………………………………………………… (137)
第 170 条　矿产证持有人所雇佣员工的征税制度 ………………………………………… (137)

第 171 条　非工资收入和侨民员工私人物品的代扣所得税……………………………………(137)
第 171-Ⅰ条　非工资收入代扣所得税……………………………………………………………(137)
第 171-Ⅱ条　外国员工的私人物品…………………………………………………………………(137)

第六章　勘探阶段的税收及关税优惠……………………………………………………………(137)
第 172 条　勘探阶段的免税规定。………………………………………………………………(137)
第 172-Ⅰ条　勘探阶段的税收免除…………………………………………………………………(137)
第 172-Ⅱ条　关税……………………………………………………………………………………(138)
第 173 条　申报义务………………………………………………………………………………(138)

第七章　建设阶段的税收及关税优惠……………………………………………………………(138)
第 174 条　增值税及其他税种的免除……………………………………………………………(138)
第 175 条　关税的免除和申报义务………………………………………………………………(139)
第 175-Ⅰ条　关税的免除……………………………………………………………………………(139)
第 175-Ⅱ条　申报义务………………………………………………………………………………(139)

第八章　开采阶段的税收和关税优惠……………………………………………………………(140)
第 176 条　免税……………………………………………………………………………………(140)
第 177 条　所得税及其他税收……………………………………………………………………(140)
第 178 条　利润中可扣除缴税的部分……………………………………………………………(140)
第 178-Ⅰ条　矿床恢复保证金………………………………………………………………………(141)
第 178-Ⅱ条　开采阶段的关税………………………………………………………………………(141)
第 179 条　现场加工设备的关税…………………………………………………………………(141)
第 180 条　提炼设备的关税………………………………………………………………………(142)

第九章　直接分包……………………………………………………………………………………(142)
第 181 条　直接分包的定义………………………………………………………………………(142)
第 181-Ⅰ条　直接分包商的定义……………………………………………………………………(142)
第 181-Ⅱ条　直接分包商的税务和海关制度………………………………………………………(142)
第 181-Ⅲ条　直接分包商义务………………………………………………………………………(142)

第十章　开采税收壁垒………………………………………………………………………………(143)
第 181-Ⅳ条　软化的制度……………………………………………………………………………(143)

第十一章　税收和关税的稳定政策…………………………………………………………………(143)
第 182 条　矿物开发政策的稳定…………………………………………………………………(143)
第 183 条　采矿场开发许可证等级的变更………………………………………………………(144)

第十二章　外汇管理…………………………………………………………………………………(144)
第 184 条　开设外汇账户…………………………………………………………………………(144)
第 185 条　转账担保………………………………………………………………………………(144)
第 186 条　进出口贵重品申报……………………………………………………………………(145)
第 187 条　会计准则和审计………………………………………………………………………(145)
第 188 条　国家承担的支出………………………………………………………………………(145)
第 189 条　分期偿还………………………………………………………………………………(145)

第六编　矿产活动的行政和技术监督
第 190 条　行政和技术监督………………………………………………………………………(147)

第 191 条　财政监督 ………………………………………………………………………………… (147)
第 192 条　产品的质量和数量检验 ………………………………………………………………… (147)
第 193 条　地质和矿产文献的保存 ………………………………………………………………… (147)

第七编　地球物理和工程地质相关的采掘和测绘的申报

第一章　地球物理和工程地质相关的采掘和测绘的申报 ………………………………………… (149)
第 194 条　申报义务 ………………………………………………………………………………… (149)
第 195 条　提供信息的保密性 ……………………………………………………………………… (149)
第 196 条　访问权 …………………………………………………………………………………… (149)
第 197 条　发现并上报情报 ………………………………………………………………………… (149)
第 198 条　国家矿产实验室样品分析义务 ………………………………………………………… (149)
第 199 条　危险及事故 ……………………………………………………………………………… (149)
第 200 条　竣工 ……………………………………………………………………………………… (150)

第八编　处罚条款

第 201 条　争议 ……………………………………………………………………………………… (152)
第 202 条　国家矿业总局的报告 …………………………………………………………………… (152)
第 203 条　公诉 ……………………………………………………………………………………… (152)
第 204 条　违法认定及纪要 ………………………………………………………………………… (152)
第 205 条　扣押、起诉、搜查和检查 ……………………………………………………………… (152)
第 206 条　伪造行为 ………………………………………………………………………………… (152)
第 207 条　无证开矿 ………………………………………………………………………………… (152)
第 208 条　申报错误 ………………………………………………………………………………… (152)
第 209 条　对保护区和安全区的侵害 ……………………………………………………………… (153)
第 210 条　破坏、毁坏及突击行为 ………………………………………………………………… (153)
第 211 条　其他违法行为 …………………………………………………………………………… (153)
第 212 条　非法占有贵重材料 ……………………………………………………………………… (153)
第 213 条　违反本法中支付贿赂酬金的相关条款 ………………………………………………… (153)
第 214 条　罚款金额 ………………………………………………………………………………… (153)
第 215 条　其他法则规定的刑罚 …………………………………………………………………… (153)
第 216 条　处罚条例的更新和公布 ………………………………………………………………… (154)

第九编　其他过渡性条款及最终条款

第 217 条　过渡条款 ………………………………………………………………………………… (156)
第 217-Ⅰ条　适用于之前签署和批准的采矿协定的规章制度 …………………………………… (156)
第 217-Ⅱ条　矿业协议和矿权证的发布 …………………………………………………………… (156)
第 218 条　健康方面的过渡性条款 ………………………………………………………………… (156)
第 219 条　解决争议 ………………………………………………………………………………… (156)
第 220 条　先前法规的废除 ………………………………………………………………………… (156)
第 221 条　在官方公报上公布 ……………………………………………………………………… (157)

第一编 总 则

第一章 释义

第1条 释义

本法中下列名词释义如下:

买方:几内亚国籍或外国籍批准拥有柜台购买钻石或黄金的自然人或法人。

股东:包括一家公有或私有公司的所有股东,他们有投票的权力,或在企业登记确认,或用益物权或以其他方式,或所有拥有5%以上股份且有表决权的人,不管公司股份属于什么类别。

采矿活动:任何勘探或开采矿产矿物的活动。

采石场活动:采石场任何勘探或开采的活动。

行政部门:几内亚的所有行政管理部门。

矿业管理部门:矿业管理部委和所有中央和/或地方的职能部门。

收购人:指被授权从金矿、钻石矿和其他矿的生产者那里收集和购买然后转售的几内亚自然人。

专职人员(特殊人员):指矿业工程师或地质工程师、司法警官(警察特派员)。

出租:由出租人和承租人协商租金、在确定或未确定的时期内出租采石授权书、工业或半工业授权书证或采矿特许证相关的全部或部分权利但是不能转租的行为。

环境审计:出于环境保护目的而对企业、工地或开采活动的情况进行评估。该评估工作包括:

——衡量和分析开采矿和开矿方法对环境可能带来的影响,评估开采方法是否符合相关法律,规章和合同条款;

——对于站点以前的开采活动制订报告,或者要求采取合适方法恢复站点环境,或者核实开采方式是否符合相关法律,规章和合同条款。

许可证:指矿物或石料勘测、勘探或开发权利的矿业管理文件,有4种许可证:

——矿物或采石场的勘测许可证;

——采石场的勘探许可证;

——矿物或采石场的手工开发许可证;

——采石场的开采许可证(永久或临时许可)。

国家地质资料库:挖方工程、国家地面勘测和地下勘测等相关的所有信息(地球物理学、地质化学、地质学、水文地质学等)经过审查和注释说明后所录入的文献收集库。

BCRG:几内亚中央银行。

BNE:国家钻石、黄金和珍稀矿物鉴定办公室。

矿产地籍:指包含矿业证书和授权能在图纸上找到其位置的登记簿。

采矿场:能提供建材、陶瓷产业、肥料、岩盐和其他类似的矿物的矿体,除磷酸盐,硝酸盐,碱及其他伴生同一矿床的盐外。泥炭地也被列为采矿场。

国家矿业促进和发展中心(CPDM):隶属于地矿部,为投资者和管理层之间的桥梁。

矿产法(或当前法律):当前法律和执行条款。

地方社区:受在有采矿所有权或授权活动影响的所有社区。

国家矿业委员会:由国家代表和其他代表组成的委员会,在矿业法条文范围内,参与检查申请采矿权批准,续期,转让,延长和收回。

矿证技术委员会:该委员会为矿业行政部门的内部委员会,负责预审证书发放、更换、移交、延期的申请文件以及CPDM所制订证书的撤销文件。

采矿特许权证：某限制地理范围内进行采矿活动的矿产证，受几内亚总统授权可以开采，无深度限制。某公共区域发现矿，其证据是正式建立可研报告，其合理的开采工程和其特别重要的投资。

地区发展合约：开采证书持有人和周边社区之间的协定，主要条款涉及当地居民的健康和教育以及经济、社会项目的实施。

矿业协议：协议规定了在采矿权里的权利和双方在法律、技术、融资、税务、行政、环境和社会上的责任。

首次商业生产时间：以下两个日期中最早的那一个。连续60日采矿生产能力大于可行性研究报告中生产能力的30%，并且该情况应该在主管部门解释和验证之后通知地矿部长和贸易部长；或者出于商业目的第一次矿石发货的日期。

管理层：国家矿业局和国家地质局，或者在矿业管理部门行使相同或相似职能的任何机关。

环境：在某给定区域内决定生活环境的所有自然条件和人文条件，其中包含生态系统和人口。

国家：几内亚共和国。或者是从属于几内亚共和国的任何实体，又或者是控制资本且合法代表几内亚共和国的实体。

环境与社会影响评估：该文件包含了工地初始状态及其自然和人文环境的分析，就如何消除、降低和/或弥补对环境造成的损害结果而提出的应对措施以及相应费用支出的估算。文件还介绍了其他可能采用的解决方案，并且从环境保护的角度解释了可以进行采矿活动的原因。

开采人：开采特许证、开采许可证或采石场开放授权书的持有人。

开采：出于实用目的和/或商业性目的为提取无机盐或采石矿物而进行的所有施工。

手工业开采：在于提取和精选无机盐，通过手工方法和传统工艺重新获得商业产品的任何开采活动。

工业开采：在于提取和精选无机盐，通过现代方法和机械化工艺重新获得商业产品的任何开采活动。

矿业开采：提取和制备的储藏量以及破碎矿石、地面及地下的基础设施、地面及地下工程、地面及地下设施、建筑物、设备、工具和储备以及所有相关联的无形部分。

半工业化的开采：所有建立在矿层存在基础上，小规模、永久的矿业开采，可运用工艺的规则，使用半工业化，其年产量不能超过可商业化产品的某一吨数，这个吨数由矿物和矿业规则确定。

矿业开采：地理研究和地质物理的执行，包括结构。地下地理通过挖掘、钻探和钻井的评估工程，物理构成分析和矿的化学分析和经济可行性发展的研究和存量矿业的开发。

扩产：按照现行法规可扩大生产的所有施工或收购活动。

提炼：从地面和地下提取无机盐或采石矿物的所有施工。

公务员：所有职员或者代表，他们或来自几内亚政府部委，或来自一个受几内亚政府控制的部门或者一个代理商。他在执行活动中独立，这些活动必须明确定义是政府化的、商业化的或者是其他的。

本地经济发展基金（FDEL）：实施《地区发展协议》中为地区发展向社区项目提供资金的基金。

不可抗力：阻碍或阻止合同一方履行法定义务或合同义务、不受该方控制或非该方意愿的无法预计的任何事件、行为或情况。

矿脉：所有可被开发的具有经济价值的天然矿床。

矿床：所有有回报价值但还未被证实的天然集中矿产。

地热矿：以高温或低温的形态呈现，并能以地热的形态释放出能量。特别是能以热水或蒸汽的形态存在。

政府：几内亚共和国政府。

GNF：几内亚法郎。

废石堆、废矿、已开发的采矿场:采矿和采石的任何废弃物、废石和残渣。

迹象:指所有有现存参考值的矿化标准的相关信息。

发现者:得到探矿证,并在其证上表明的范围内发现矿产的持有人。

专家:由几内亚国家签发的能够开采金矿以及钻石矿的法人。

贵金属:银、金、铂、钯、铑。

矿山:根据以下条件,

——在采矿场中未分类的所有实体矿,不包括气态以及液态的碳氢化合物。

——所有露天和地下开采矿产的土地,包括所有用于开采的动产和不动产。

矿石:来自矿床的矿物。

部长:负责矿产以及地质部门的部长。

各方:具有矿产证或国家许可的持有人。

开采证(工业和半工业):由国家授予的、允许持有人在规定开采范围内、无深度限制地勘探、开采、使用矿物的证书。

探矿证(工业和半工业):由地矿部长授予的,允许持有人在规定开采范围内,无深度限制的探矿权。

宝石:指在自然矿床中形成的精致的、珍贵的、装饰性的石头。

贵金属性的宝石:具有高价值的宝石,如钻石、红宝石、蓝宝石、绿宝石。

环境管理计划:就环境影响研究报告确定的文件。该文件包含了矿产证持有人在矿床所在土地范围内为保护环境应履行的义务。这些义务将涉及矿产证持有人为预防、降低、取消或补偿其矿产活动对环境和矿床边居民健康造成的危害而采取的所有措施。

贿赂:实物提供、承诺、赠与、礼品以及任意一个优惠,包括所有有价值的有形以及无形资产,或者是有价值的财产如资产、服务、优惠、工作、工作推荐、投资机会或进入某组织的机会。

转让增值:矿产证书出让价格或转移价值与投资成本的盈利差值。当转让股票时,增值部分根据股票初始价值计算。

加工产品:对含富集物的无机盐的矿物结构进行化学加工或物理加工后所得的产品。

勘察:探寻矿床、确定具有潜力的区域的系统性过程。评估基础为地质、地球化学和地球物理的结果说明。

矿床复原的准备金:矿产企业可免除部分利润税的税务措施,条件是企业必须将相应的免除金额重新用于勘察施工。

勘探:为了勘测和探明聚集的矿物实体以及界定矿产范围在地表以及地下层调查,并评估开采的可能性以及重要性。研究包括地质工作、物探工作、化学勘测工作、实验室分析以及操作报告。

勘测:为证实矿化痕迹而进行的地表和地下活动。

矿业技术条例:为了更好地利用矿床潜力,优化提升工业和公共生产效率、安全条件和环境保护条件而规定的技术条件和开采方法。

复原:以矿业和环境管理部门认为用可持续的态度和适当并可接受的方式恢复前开发的工矿用地的安全性和农村生产力,使其视觉外观接近其最原始的状态。

矿山废弃物:来自采矿的脉石或废石或者来自矿物加工或冶金加工的任何固体或液体残渣。

续约:矿权证书的续约。

矿产资源:自然矿物、固体矿物、无机物或地壳中形成化石的矿物所组成的无机盐集合体,无论这些集合体的形状、数量、含量或质量如何。

矿产资源储藏:在估算时可以按照合同条件进行开采且具有经济价值的指定测定部分。矿产资源储藏分为证实的储藏和推测的储藏。

探明矿产储量：通过可行性研究证明为探明资源的经济可采部分。这项研究必须包括关于采矿业的详细信息，如加工、冶金、经济及其他方面的相关因素，在撰写报告的时候展示出它可以被经济开采的理由。

推测的矿产资源储量：至少经过一项可行性预研究证明的可开采的指定资源部分或测定资源部分。该研究应包含采矿、加工、冶金等情况以及经济效益和其他可以在报告中证明采矿营利性的要素。

重大风险：因自然或人为而发生、造成的损失不受矿产证范围限制也不受该证书有效期限制的任何事件。

联属公司：采矿所有权及授权申请人、持有人或者分包商持有或控制的所有实体或其他组织。术语"持有或控制"在这方面事实上是指被采矿所有权或授权申请人及持有人、分包商控制的所有实体。持有控制其实在于以权威及权力建立一些政策或者给予实体或者其他结构日常的操作指令。

分包商：区别于矿业证持有人，任何自然人或者法人在矿业证持有人的责任下，开展工作。

采矿厂的矿物：泥炭、建材、陶瓷行业的建筑材料、改良材料、食盐或者其他类似的矿物，除了磷酸盐、硝酸盐、碱、盐或者其他在同一矿层的盐类外。

矿物：非晶体或晶体、固体、液体或气体状态的任何自然矿物，以及形成化石的有机矿物和地热集合体。

珍贵矿物：黄金、铂、钻石、细碎石或宝石。

放射性矿物：铀、钍及其衍生物。

加工：为了让产品商业化或提升其品质而对开采的矿石进行浓缩及富化。

矿业开采证：工业或半工采矿许可，或矿业特许开采权。

矿权证书：矿业行政部门发放的对矿物和采石矿物进行勘测、勘探和开采的管理文件，矿权有3种：工业或半工业勘探许可证、工业或半工业矿产开采许可证、开采特许权。

第三方：合同双方和参与公司之外的任何自然人或法人。

转让：通过转让、合并或遗产转移的方式更变矿产证书或授权书。

USD：美元。

增值：加工操作的总和，对原矿提炼，来产出一种叫精矿的产品来满足对物品尺寸、杂质度、湿度百分比及其他规格的需求。

促销区域：国家公共运营商在该区域内直接或间接实施勘探工作，勘探结果会依照现有法律供公众使用的区域。

战略储备区域：可转包所有采矿业务的区域。

第二章 矿业法律体系

第2条 立法目的

制定本法的目的在于推动矿业投资和进一步了解几内亚境内地上和地下矿藏。该法旨在鼓励矿产资源的勘探和开采，促进几内亚的经济和社会发展，希望通过与投资方建立互惠互利的合作关系推广系统化和透明化的矿业管理，从而确保几内亚人民长期的经济效益和社会效益。

第3条 国家所有权

几内亚共和国领土和专属经济区内地下或地表中的无机盐或化石以及地下水和地热矿床均属于国家所有，不能被私人占有。本《矿产法》和《土地法》为例外。

但是，开采证持有人可获得提取矿物的所有权。矿物所有权将区别于地上权。

第4条　推广区域

在几内亚划定的推广区域内，国家有关机构（国家矿业遗产公司、国家地质局、地质部门或其他相当的国家部门）将直接或间接进行勘探活动。勘探结果将按照本法提交给几内亚国家。

第5条　战略储备区域

几内亚境内设立的战略储备区域不进行任何采矿活动，既不属于推广区域也不授予矿产证书。

国家划定战略储备区域在于限制短期内过度开发国家矿产资源。这些保护区域不会授予任何国有企业或私有企业探矿许可证或采矿特许权证。只要它们仍属于保护区域，就不能进行任何采矿活动。

第6条　法律的适用范围

在几内亚领土和专属经济区域内，无机盐或化石的勘测、勘察、开采、支配、占有、流通、贸易和加工以及适用于这些活动的税务制度由本《矿产法》条款决定，其中包括该法律的执行条款。只有从属于其他法律规定的特殊制度的液体或气体碳氢化合物除外。

但是，国家出于战略利益可以就国内矿产资源的开发利用与双边战略伙伴（国家）商谈特殊协议。

因此关于铁矿、黄金和铝土矿，国家有权商谈生产分配合同。生产分配的方式将在发放勘察许可证时确定。

第7条　其他法规参考

只要不与本《矿产法》的条款相对立，可以执行以下这些法律专有领域的条款：《公共健康法》《环境法》《水资源法》《税法总则》《关税法》《登记税和印花税法》《劳工法》《动物法》《畜牧法》《土地法》《森林法》《草原法》《地方行政区法》《民法》《刑罚》和其他可能直接或间接适用于采矿活动的法律。

第8条　利益冲突

政府成员、矿业与地矿部公务员和其他矿业管理公务员不能在矿产企业及其分包商那里获得直接或间接的财政利益，并且必须申报他们的利益和/或声明无权参与对他们的利益产生直接或间接影响的任何决定。

同样，矿产公司的管理人员和官员不能从签署直接或间接分包合同的公司那里获得直接或间接的财政利益。与他们雇主有财政利益的公司那里，也不能获得直接或间接的财政利益。

持证人的任意子公司或持证人某股东的任意子公司必须预先申报身份，指出在经济财政投标中与几内亚矿产公司的关系性质。

第三章 主要矿业管理机构

第9条 主要矿业管理机构

由中央和地方的机构和部门形成矿业行政部门对矿产领域进行管理。这些机构和部门主要包含：①国家地质局；②国家矿业局；③国家钻石、黄金和稀有矿物鉴定办公室(BNE)；④矿业促进和发展中心(CPDM)；⑤研究与策略局(BES)；⑥稀有矿物缉私大队；⑦矿产项目总局；⑧矿产和地质管理局；⑨地质服务总局；⑩矿产项目协调人。

以上部门的授权、结构、组织和运作由共和国总统法令确定。

国家设立国家矿业委员会，成员由国家有关部门代表组成，根据本法规定，负责审查由国家矿业促进和发展中心准备的矿产证申请、更换、转让、延期材料及收回矿产证文件。该委员会的职责、组织架构、组成和运行由地矿部长签发部令规定。

同时，国家设立矿业证书技术委员会，属于矿业管理内设机构，负责受理由国家矿业促进和发展中心准备的矿产证的申请、更换、延期、延长材料。该委员会的职责、组织架构、组成和运行由地矿部长签发部令规定。

第10条 保证矿业良好管理的措施

矿业管理机构享有适当的预算开支、必需的设备以及廉洁且有能力的工作人员去履行义务。

第四章 各种矿物的分类

第11条 法律体系

液体或气体碳氢化合物之外的矿物或化石分为采石场和采矿场。

采石场和采矿场的所有权不同于土地所有权，它为特殊的国家产业。

第12条 采石场分类

施工材料、陶瓷业材料、土壤改良材料、石盐和其他类似的矿物组成的集合体被称为采石场。采石场不包括磷酸盐、硝酸盐、碱性盐和同一矿床内的其他相关盐类。泥炭层也被列为采石场。

第13条 矿物分类

不属于采石场的所有矿物集合体被称为矿产，液体或其他碳氢化合物不包括在内。

这些矿物分为以下类别。

第一类：铝土矿和铁矿；

第二类：珍贵矿物（黄金、铂族元素、钻石、宝石）；

第三类：金属矿物（基体金属和次要金属）；

第四类：非金属矿物和稀土；

第五类：放射性矿物：铀、钍和它们的衍生物；

第六类：矿物水和温泉水。

第 14 条 矿物分类的变动

在任何时候,地矿部长应矿产证持有人的请求可以宣布决定将之前被列入采石场的矿物重新编入矿物的类别。

只有获得授权书,某些矿物质才可以如同采石场的产品那样被开采。

根据办法第 183 条规定,采石场的石料可调整为矿物。

第五章 从事采矿活动或采石活动的权利

第 15 条 个人权利

为了按照本《矿产法》的条件进行矿物或采石矿物的勘测和勘探,任何自然人或法人必须具备从事这些活动必备的技术能力和财政能力。

矿物或石料的开采应遵守本法律的以下条件:

——具备从事该开采活动的技术和财政能力的任何几内亚籍自然人或法人。

——正式被允许从事半工业开采或手工业开采的任何几内亚籍自然人或法人。

相关总统令将详细说明这里所指的"技术能力和财政能力"。

另外,因欺诈、贪污或洗钱而受到国际制裁或犯罪调查的个人或公司不能获得矿产证或采石证。

第 16 条 国家权利

国家可以代表自己直接从事任何采矿或采石活动,也可以通过矿业公司或其他任何国家机构单独进行或与矿业领域内的第三方合作。

除非有例外条款,否则当国家自己从事采矿活动或命人代表他完成时,国家仍需遵守本法的规定。但是,为增进几内亚共和国领土地质知识或出于科学研究目的而在地矿部长的监管下进行勘探活动除外。

第 17 条 从事采矿活动的授权条款

必须获得以下矿产证书和授权书才能有权从事采矿活动或采石活动。

矿权证:

——探矿许可证;

——工业和半工业开采许可证;

——采矿特许权证。

许可证:

——矿物或采石矿物的勘测许可证;

——采石场找矿许可证书;

——矿物或采石矿物的手工业开采许可证;

——采石矿物的开采许可证(永久许可或临时许可)。

矿权证和许可证的管理方式由矿产法规确定。

第18条 矿业协议

采矿特许权有效期最长为25年,采矿证有效期为15年。应事先签署的矿业协议的范本由法令确定。

矿业协议期限根据权证类型而定,协议期限可以延长,其中采矿特许权协议每次延期10年,普通采矿协议证每次延期5年。

矿业协议只是本法律条款的一种补充,而不能违背法律。该合同详细说明了协议双方的权利和义务,可以保证向持证人提供稳定的开发条件,尤其是本法涉及的税收和外汇交易等规定。

如果国家和第三方参与其中一项或多项采矿活动或采石活动,国家参与的性质和方式应提前在采矿特许证附带的矿业协议中予以明确规定。

地矿部长在获得国家矿业委员会和部长会议的批准之后允许签订矿业协议。

签署的矿业协议应在签字之日起7个工作日内提交最高法院征求确认,最高法院确认后,矿业协议应递交给议会审查通过。

矿业协议签字后,将在地矿部官方网站或地矿部长指定的其他网站上公布。

矿业协议经议会批准后,该协议将在官方公报和地矿部官方网站或地矿部长指定的其他网站上公布。

第二编　矿权证和许可证

第一章　矿权证书

第一节　探矿许可证

第 19 条　赋予的权利和义务

探矿证授予持有人在其许可给予的范围内,对证书批准的矿种进行无深度限制的矿物勘探专有权。

在探矿证有效期内,只有权证持有人有权获得勘探许可范围内的矿区的开采证或开采特许权证,前提是持有人向国家提交完整勘探结果,并按照本法第 30 条和 37 条规定提供相应的申请文件,同时将矿区面积的一半归还给国家。

探矿证授予该证持有人的权利为动产性质、不可分割、不能让与,也不能抵押、典当。然而,探矿许可证持有人可以签订一个技术合作方来筹集矿产开发所需资金。这个技术合作伙伴需要向部长申报审批。在任何情况下,均不可直接转让或间接转让相关的勘探许可。

第 20 条　探矿证数量

对于同一种矿种,同一人可以拥有:对于铝矾土和铁矿石,最多获得 3 个探矿证,最大面积 $1500km^2$;其他矿种,最多获得 5 个探矿证,最大面积为 $500km^2$ 用于工业和半工业开采。

第 21 条　面积

探矿证的面积在相关决议中予以规定。铁矿和铝矿的工业探矿证面积不能超过 $500km^2$,工业方式开采的其他矿藏探矿证面积不超过 $100km^2$,半工业开采的其他矿藏探矿证面积不超过 $16km^2$。

第 22 条　证书的授予

地矿部长将在获得证书技术委员会的批准之后根据 CPDM 的建议向申请人发放探矿证。该申请人提交的申请必须符合本法及其执行条款的要求,具有足够的技术能力和财政能力,并且施工保证和开支保证被视为可以接受。

CPDM 负责预审申请和评估矿区地籍。

技术评估和社会环境影响研究评估以及相关意见由 CPDM 和证书技术委员会共同给出。

地矿部长将决定是否批准授予矿权证,并且负责矿产证的通知和公布。

证书的授予方式如下:

——对于无法确定矿床的无地质信息或带有地质信息的划定范围,则第一个申请人将获得证书。

——对于已经勘探过的范围,若含有已知矿床或引起多个公司兴趣,证书发放的程序即按照法规条款确定的规则进行透明招投标竞争的程序,由国家矿业委员会批准。招标必须自地矿部长关于招标矿床保留权的决议的生效日起一年内商定确定。

根据地矿部长的建议,共和国总统将颁布法令开标。

半工业开采的探矿证只发放给几内亚籍个人、完全由几内亚人所持资本组成的法人或与几内亚有互惠关系的国家的个人。

矿权证的授予、延期、更换、转让、出租、撤销或放弃等相关的条款必须公布在官方公报及地矿部官方网站或地矿部长指定的其他网站上。

允许探矿的地理区域应广泛周知。

为发放开采许可证而招标销售已经勘探的范围，至少在投标前45日应在至少两份发行量较大的报纸上公布。

第 23 条　有效期

工业探矿许可证的有效期为三年。

半工业探矿许可证的有效期为两年。

第 24 条　更换

应证书持有人的要求，在与授予许可证相同的条件下可以两次更换工业探矿许可证，每次期限最长为两年。

应证书持有人的要求，在与授予许可证相同的条件下只能更换一次半工业探矿许可证，每次期限最长为一年。

如果证书持有人已履行所有义务，在更换申请书中提交的最低标准的施工计划与上期施工结果相符，并且表示出的财政能力至少相当于法律决议规定的能力，那么将有权更换证书。

原则上每个许可证在更换时都应归还部分区块。

申请更换文件应包含以下内容。

如果是第一次更换：

——十二份季度报告的复印件；

——所有的施工结果，主要包括地质、地球物理、地球化学和钻井等，以及地图。

——归还国家区块的方案；

——证明履行条款规定义务的文件；

——施工计划和下一个工期的预算；

——施工的详细时间表。

如果是第二次更换：

——八份季度报告的复印件；

——所有的施工结果，主要包括地质、地球物理、地球化学和钻井等，以及地图。

——归还国家区块的方案；

——证明履行条款规定义务的文件；

——施工计划和下一个工期的预算；

——施工的详细时间表。

每次更换时，探矿证批准的面积将减少之前范围的一半。划给申请人的范围应包含表面规定的已知矿层。

归还给国家的面积应利于所有的开发。归还的表面应尽可能形成一个或多个密致的岩块，岩块的各边与许可证划定范围的各边相连。

证书发放、更换和撤销的文件将由矿业证书技术委员会受理。

第 25 条　延期

第二次更换结束时，如果探矿证的持有人未能完成可行性研究并且提出的相关理由已经经过矿业行政部门的验证，那么可以允许持有人延期，但不能超过一年。

如果该延期结束时探矿证的持有人还是无法提供可行性研究报告,该许可证将失效废除。

第 26 条　施工计划和开工

探矿证的法律决议将确定许可证持有人在许可证有效期内应实施的基本施工计划。该项决议还将规定持有人在许可证有效期和更换期内每年从事勘察活动应具有的最低财政能力。为此,对于探矿许可证来说,每平方千米的最低支出金额将由矿产法规确定。

探矿证持有人必须最迟在许可证发放之日起 6 个月内开始在许可证划定范围内进行勘探施工,并且按照工艺条例尽快完工。

在 6 个月期间内,证书持有人向国家矿业局申报开工之后必须完成以下活动:

证书持有人聘请一位地质学家在勘察范围内至少停止工作 3 日之后由行政部门检验的活动报告和财政报告;或者在范围上方至少飞行 3 日的空中地球物理定位。

提交两份由 CPDM 批准的《环境说明书》的复印件。

将《环境说明书》转交给当地主管部门作为降低环境破坏和修复环境的参考信息和说明。

第 27 条　产品的自由处置

探矿许可证的持有人有权自由处置在勘察和试验时提取的产品,条件是这些勘察和试验不会掩盖开采工程的性质。持有人必须向国家矿业局申报,遵守矿产法规中提取矿物相关的所有条款。

第二节　开采许可证

第 28 条　授予的权利

开采许可证授予该证持有人在无深度限制的划定范围内勘测、勘探、开采和自由处置矿物的专属特权。

开采许可证授予持有人的权利为动产性质,可以分割、出租矿权。该权利可以作为抵押担保。

第 29 条　面积

开采许可证批准的面积由法律规定。

面积应按照可行性研究中确定的矿床进行划定。

开采许可证的划定范围必须完全位于勘探许可范围内。特殊情况下,如果开采矿床包含多个许可证,开采许可证的划定范围可以涵盖同一个持有人同一种矿物的多个勘察许可证。开采许可证的范围应为尽可能简单的多边形,边长南北朝向和东西朝向,尖顶限制在 10 个以内,特殊情况除外。

对于河床疏浚,如果是工业许可证,河流的允许长度不能超过 10km。如果是半工业许可证,长度则不能超过 5km。

第 30 条　证书的授予

第 30-Ⅰ条　证书类型、方式以及可获得采矿证人员资格

根据地矿部长提名,经国家矿业委员会同意,且经过部长会议以政令方式将工业或半工业开采证授予持有探矿证且遵守和履行矿业法规定的责任和义务,且在探矿证到期前 3 个月提交申请的几内亚籍公司。

因此,持有探矿证的公司需在几内亚注册一个分公司。

第 30-Ⅱ 条　开采证申请资料的组成和审查方式

工业和半工业采矿证申请材料根据矿业领域相关规定包括以下内容。

——仍在有效期内的探矿证的复印件以及缴纳相关税费的证明；

——勘探报告，包括矿的类型、品质、储量以及地质情况等；

——首次或二次退还区块计划，附上之前面积一半的勘探结果；

——含开采计划在内的可行性研究报告，包含以下内容。

• 详细的社会和环境评估报告，包含一份环境和社会管理计划、危险评估计划、风险控制计划、卫生和安全计划、移民规划、安置计划、减少项目负面影响以及增加项目有益影响计划；

• 项目经济分析报告以及取得必要的各项许可的计划；

• 工业基础设施建设规划和预算。

扶持几内亚当地公司发展的计划：帮助创建或强化当地中小企业能力或从几内亚公民控股或经营企业购买工程建设所需物资或服务。增加当地就业的计划，雇工比例不得低于本法的相关规定；

** 待实施工程的详细施工进度表；

** 地方发展公约将在取得矿权后签署，地区发展公约附带设区发展计划，包含培训及医疗、社会、学校、道路、供水以及供电基础设施建设；

** 向相关管理部门提出公司办公用地申请，提交公司办公场所建设规划图，铁矿、铝矿、金矿以及钻石矿办公场所必须在拿到采矿证后 3 年内完成建设。

关于半工业开采许可证持有人、环境责任以及社区发展计划在相关部门的规定中明确。

矿业投资促进中心（CPDM）负责矿区地籍的申请和评估工作。

技术和环境评估及相关许可由地矿部、环境部与权证技术委员会和国家矿业委员会合作进行。

地矿部长根据本法规定决定矿权证的授予与否及矿权证的通知和颁布。

第 30-Ⅲ 条　采矿证发放后探矿证的状态

工业或者半工业采矿证发放后，在该范围内的探矿证作废。但是与采矿相关的勘探工作可以继续进行。如果在勘探中发现采矿证上规定以外的其他矿藏，开采证证持有人享有优先开采权，该权利有效期为自向国家报告之日起 18 个月。

对于无人持有有效探矿证的探明矿藏，根据相关法律规定，须通过竞争性、公开透明的招标程序来发放采矿证，招标工作由权证技术委员会和国家矿业委员会组织。

第 30-Ⅳ 条　采矿证公布

有关开采证授予、延期、更新、转让、出租、收回和放弃的证明应该在政府通告和地矿部网站或其他部长指定网站上进行公布。已经过勘探并准备进行开采证发放公开招标的区块应在交标前至少 45 天在至少两份广泛发行的报纸上进行公布。

第 31 条　发现者的赔偿

如果开采许可证发给矿床发现人以外的个人，特许权享有者必须支付该发现人一笔公平的赔偿金。该赔偿金由私有商业交易确定。

赔偿金在于补偿发现人根据勘查许可证在矿床上进行勘查施工而实际支付的费用。

发现人不能利用该条款逃脱履行本法律的义务。

第 32 条　有效期

工业开采许可证的有效期为 15 年;半工业开采许可证的有效期为 5 年。

第 33 条　更换

只要持有人在证书发放或更换时已经履行了自身义务以及本《矿产法》及执行条款、招标文件或矿业合同规定的义务,应证书持有人的要求,在与授予许可证相同的条件下可以多次更换工业或半工业开采许可证,最多 5 年必须更换一次。

第 34 条　采矿的开始

半工业采矿证持有人必须在开采证发放后 6 个月内启动施工并开采。

采矿证发放后一年,如未能开工并开采,前 3 个月每个月缴纳 10 000 000 几郎的罚金,从第四个月到第十二个月,每个月比上个月的罚金递增 10%。

获得半工业采矿证两年后,如果持有人未按照矿产法要求进行开采,国家保留收回或者取消该证的权利。

工业采矿证持有人,必须在获得采矿证后最多一年内动工。

如未能及时开工,从授予之日算起一年后,前 3 个月处以每个月 100.00 美元的延期罚款,本罚款以每个月 10% 的比例增加,从延期的第四个月算起直到延期的第六个月。从授予工业采矿证之日起的 18 个月内,如果采矿证持有人没有根据框架协议的现行法律条款进行动工,政府保留撤销或取消证书的权利。

根据本法第 168 条规定,采矿证的持有人应在可行性研究的预计期限内,在授予矿业证书之日起的最大期限 4 年内进行天然矿石的提取和开采,最长期限 5 年内在几内亚当地进行初级加工。超过期限,没有按照年度支出预算支出金额要交罚金,罚金金额跟没有支出部分金额相关。未支出部分的金额若低于相关年度总支出预算金额的 10%,不用支付此罚金。或者经过矿业国家委员会同意,由部长将比例调至 10% 以下,不用支付此罚金。

下列情况下将执行第 88 条款。如果矿业工程或支出资金少于连续两年内矿业最小工程或最小预算值的 25% 以内的,需要缴纳罚金,除不可抗因素外。即使在不可抗因素情况下也不能超过 12 个月。

为了实施此条款,《先期发展工程》被定义为:工程预备阶段,建设阶段,最小金额应占投资总金额的 10%~15%。

第三节　采矿特许权证

第 35 条　授予的权利

采矿特许证授予该证持有人在无深度限制的划定范围内进行所有矿床开采施工的专属特权。

采矿特许证授予该证持有人的权利为不动产性质、可以分割、可以出租,也可以抵押担保开采的借款。

第 36 条　面积

采矿特许证批准的面积应由惯例规定。面积应尽可能符合可行性研究中确定的矿床进行划定。采矿特许证的范围应为尽可能简单的多边形,边长南北朝向和东西朝向。

对于采矿特许证覆盖的面积,授予采矿特许证即撤销勘察许可证或预先开采许可证。

除非惯例对采矿特许证另作规定,否则持有人就勘查许可证或开采许可证承担的义务应随着这些许可证覆盖面积的变小或变大而减少或增加。

第37条 授予

第37-Ⅰ条 证书类型、方式以及可获得采矿特许权人员资格

根据地矿部长提议,国家矿业委员会同意后,经部长会议通过后以政令形式将采矿特许权授予探矿证持有人。该持有人必须履行本《矿产法》规定承担的义务,并且至少在探矿证到期前3个月提交符合规定的申请材料。

根据现行矿业法规定有资格获得矿权的候选人,矿产的类别为1和5的,其投资金额不得少于10亿美元。矿产类别为2、3、4和6的,最低投资额为5亿美元。

第37-Ⅱ条 采矿特许权申请资料的组成和审查方式

采矿特许权申请材料根据矿业领域相关规定包括以下内容:

——还在有效期内的探矿证的复印件以及缴纳相关税费的证明;
——勘探结果报告,其中应包含已确认矿产资源的种类、品质、储量和地质情况。
——首次或第二次区块退还计划,附上之前面积一半的勘探结果。
——项目可行性研究报告。
- 一份详细的社会和环境评估报告,包含一份环境和社会管理计划、危险评估、风险控制计划、卫生和安全计划、移民规划、安置计划、减小项目负面影响以及增加项目有益影响计划;
- 项目经济和财务分析报告;
- 工业基础设施建设计划及预算;
- 支持几内亚当地公司发展计划,创建或者强化当地中小型规模企业能力,或从几内亚人经营或控股的公司来购买工程中所需要的相关物资或服务。当地员工雇用计划,雇工比例不得低于本法有关规定。

——待实施工程详细施工进度表。
——地方发展公约将在取得矿权后签署,地区发展公约附带社区发展计划,包含培训及医疗、社会、学校、道路、供水以及供电基础设施建设。
——向相关管理部门提出公司办公用地申请,提交公司办公场所建设规划图,铁矿、铝矿、金矿以及钻石项目办公场所必须在拿到采矿证后3年内完成建设。

第37-Ⅲ条 授予采矿特许权后探矿证的状态

矿区的探矿证随采矿特许权证的授予而废除。但矿业公司可以继续进行相关的勘探。如在此情况下勘探出不同于特许权许可的矿种,该矿业公司对该矿产有优先开采权。这项权利有效期为自发现国家公告之日起18个月内。

矿业发展促进中心(CPDM)负责矿业地籍的申请和评审。

国家矿业局、环境部及矿权技术委员会、国家矿业委员会负责技术、环境的评审工作,并提出相关意见。

同意或拒绝签发矿权的决定,由地矿部进行通知及公告。

矿业框架协议确定了矿区的开采方式,该协议应根据本法第18条规定进行协商、签署。

在没有有效的开采许可证、但矿区信息确定的情况下,根据相关规定,该矿区的特许权将按照有竞

争性、透明性的招标程序进行颁发。

矿权技术委员会及国家矿业委员会负责招标工作。

第 37-Ⅳ 条　矿权相关文件的公布

关于矿权授予、延期、更新、转让、出租的相关文件，应在官方报纸、地矿部官方网站或地矿部指定的其他网站上予以公布。

对于已经勘探过的矿区，特许权采用招标的形式进行授予。该招标信息在交标日期前至少 45 天应在至少两份广泛发行的报纸上公布。

第 38 条　发现者的赔偿

如果采矿特许证发给矿床发现人以外的个人，特许权享有者必须支付该发现人一笔公平的赔偿金。该赔偿金由私有商业交易确定。

赔偿金在于补偿发现人根据勘查许可证在矿床上进行勘查施工而实际支付的费用。

发现人不能利用该条款逃脱履行本法律的义务。

第 39 条　有效期

采矿特许权证的有效期为 25 年。

第 40 条　更换

只要持有人已经履行了惯例、更换条款、矿业合同、本《矿产法》及其执行条款规定的义务，应证书持有人的要求，在与授予采矿特许权证相同的条件下可以通过提交新的可行性研究报告多次更换采矿特许权证，最次期限最长为 10 年。

第 41 条　采矿的开始

矿权持有者应在获得矿权起 1 年内开始工程建设。

获得矿权超过一年后未开工，矿权持有者应缴纳工程延期的罚金。该罚金前 3 个月为每月 200 万美元，第 4 个月至第 12 个月每个月罚金逐月递增 10%。

获得矿权两年后，若矿权持有者仍未开始开发工程，根据本法、政府法令及开发框架协议，几内亚政府有权收回或废除该矿权。

本法第 168 条，矿权持有者应在可行性研究报告预计的期限内开始动工，原矿开采出口企业期限为获得矿权起 5 年，对在几内亚进行原材料加工的企业，该期限为获得矿权起 6 年。

超过期限，没有按照年度支出预算支出金额要交罚金，罚金金额跟没有支出部分金额相关。未支出部分的金额若低于相关年度总支出预算金额的 10%，不用支付此罚金。或者经过矿业国家委员会同意，由部长将比例调至 10% 以下，不用支付此罚金。

下列情况下将执行第 88 条款。如果矿业工程或支出资金少于连续两年内矿业最小工程或最小预算值的 25% 以内的，需要缴纳罚金，除不可抗因素外，即使在不可抗因素情况下也不能超过 12 个月。

为了实施此条款，《先期开发工程》被定义为：工程预备阶段，建设阶段，最小金额为投资总金额的 10%~15%。

第二章　各类许可

第一节　勘测许可证

第 42 条　授予的权利和义务

勘测许可书将授予持有人在非关闭性区域或不属于同一矿物其他矿产证范围的区域内进行一个或多个矿物勘测施工的权利。但是授权书持有人必须向国家提交勘测施工的结果。

第 43 条　许可证的授予

经国家地质局批准,勘测许可证将由国家矿业局根据 CPDM 的建议发放给第 42 条指定区域勘察许可证的持证申请人。勘测区域不包括本法第 112 条规定的范围。

关于手工业开采,个人勘测许可证将发放给希望以手工业的形式在规定范围内勘测矿物的几内亚籍个人。此个人勘探许可证相当于是手工业勘测许可证。勘探证的授予方式和更换方式由法规规定。

第 44 条　产品的自由处置

勘测授权书的持有人有权自由处置在勘察和试验时提取的产品,条件是这些勘察和试验不会掩盖开采工程的性质。持有人必须向国家矿业局申报,遵守矿产法规中提取矿物相关的所有条款。

第 45 条　有效期和更换

勘测许可证的有效期为 6 个月。如果持有人履行本法及其执行条款规定的义务,该许可证可以更换,最长期限为 6 个月。

第二节　找矿许可证

第 46 条　授予的权利

找矿许可证将授予持有人在许可证批准的面积上勘察所有采石的权利。

第 47 条　许可证的授予

找矿许可证的授予方式和条件与探矿许可证相同。
证书技术委员会批准之后,找矿许可证将由国家矿业局局长通过其地方部门授予。
找矿许可证涉及的面积不能超过规定区域的限制。

第 48 条　有效期

找矿许可证的有效期为一年,可更换两次,每次期限最长为一年。

第 49 条　放弃

找矿许可证的持有人可以在任何时候放弃权利,但是必须通知国家矿业局。

第 50 条　撤销

因未通过国家矿业局的分支机构通报勘察结果,找矿许可证可以在任何时候被撤销。

第三节 手工开采许可证

第 51 条 适用范围

手工开采适用于所有的矿物和石料。

第 52 条 预留面积

贵重矿石手工开采的面积由地矿部长的部令规定。工业开采或半工业开采授予的矿产证或采石证所得出的面积和权利行使方式,均不能受到手工开采保留面积分类的影响,只要这些分类是在证书授予之后提出的。

第 53 条 可获得许可的人员

手工开采许可证的授权对象为几内亚籍个人、由几内亚人所持资本组成的法人或与几内亚有互惠关系的国家的个人。

禁止矿产公司的股东和职员、收购商行和黄金采购办事处进行手工开采。

第 54 条 许可证书的授予

手工开采许可证的授权区域为上述第 52 条指定的范围。根据国家矿业局的建议,地矿部长将授予第 53 条指定的个人。

国家矿业局负责预审申请和评估矿区的地籍。

技术评估和社会环境影响研究评估以及相关意见由国家矿业局和证书技术委员会共同给出。

地矿部长将决定是否批准授予许可证,并且负责许可证的通知和公布。

第 55 条 管理框架

国家矿业局在贵重矿物(黄金、钻石和其他宝石)缉私大队的支持下负责手工开采的管理和技术监督。

第 56 条 授予的权利

手工开采许可证将授予持有人在限定范围内勘探和开采矿物的权利。如果是通过台阶工作面开采,开采深度限制在 30m;如果是通过挖方进行开采,则深度限制在 15m。

手工开采许可证的持有人可以在任何时候申请将开采许可证转变为半工业许可证。该申请应随附一份可行性研究报告和一份社会环境影响报告。如果申请人提供的证据可以证明其技术能力和财政能力符合要求,申请将被批准。

第 57 条 面积

对于手工开采许可证涉及的每块土地,如果是开采钻石,面积不能超过 $1hm^2$($1hm^2=0.01km^2$)。如果是开采黄金,面积不能超过 $1/2hm^2$。开采钻石的申请人不能获得超过 3 份的许可证,开采黄金的申请人则不能超过 2 份。

第 58 条 法定的权利

手工开采许可证构成的权利为动产性质、不可分割、不可典当、不可让与、不可出租,但是可以因为去世而遗产转移。

第59条　批准在国家领土内销售黄金、钻石和其他珍稀矿物

根据国家钻石、黄金和珍贵矿物鉴定办公室(BNE)的建议，几内亚籍自然人可以被地矿部长授权在整个国家领土内并且在他们的职业活动范围内采购和销售手工开采的黄金、钻石和其他珍贵矿物。

这些自然人具体如下。

对于黄金：

——磅秤人；

——专家；

——收购人。

对于钻石：

——经纪人；

——代理人；

——收购人。

有关具体组织方式、职能、这些职能相关的权利和义务将在本法的执行条款中详细说明。

第60条　黄金、钻石和其他珍稀矿物的出口

黄金的出口只能通过认证采购办事处组织的采购人进行。这些办事处将由地矿部长根据国家钻石、黄金和珍贵矿物鉴定办公室(BNE)的建议允许向几内亚籍和/或外国籍的自然人或法人开放。

钻石和其他宝石的出口只能通过认证采购商行组织的采购人进行。这些商行将由地矿部长根据国家鉴定办公室(BNE)的建议允许向几内亚籍和/或外国籍的自然人或法人开放。

来自手工业生产且用于出口的黄金、钻石和其他宝石应在认证的中介处购买。

第61条　手工业黄金的占有和销售

除了职业活动范围内的购买和销售外，个人可以在国家领土内自由占有和/或支配、流通和销售黄金。

来自手工业生产的黄金的销售和出口由地矿部长和几内亚中央银行共同确定的法规进行管理。管理方式将在本法的执行条款中有详细说明。

第62条　钻石和其他宝石的占有和销售

只有持开采授权书的手工业开采人、收购人、采购商行的受委托采购人才可以占有、支配和销售来自手工业开采的钻石和其他珍贵矿物。

非来自手工业开采区的钻石和珍贵矿物必须按照现行法规遵循 BNE 和/或 BCRG 承认的官方流通系统。

第63条　有效期和更换

手工业开采授权书的有效期为一年。如果持有人遵守现行法规，该授权书可以多次更换，最多每一年必须更换一次。

第64条　矿区的复原

开采授权书的持有人有义务重新恢复其矿产证涉及的开采工地。应在发放开采授权书时支付一笔

开采工地修复担保金作为履行义务的保证。担保金的金额由地矿部长决定。

第四节 采石授权书

第 65 条 适用范围

无论采石矿物所在场地的法律地位如何,采石矿物的任何勘察和开采活动应遵守本法之规定。

第 66 条 采石场的类别

采石场分为三类:
——永久性性采石场:在国有或私有产业的场地上开放;
——临时性采石场:临时在国有或私有产业的场地上开放;
——公共采石场:所有人均可以在此提取采石矿物用于国家施工。
开放永久性采石场和临时性采石场必须获得采石场的勘探授权书和开采授权书。

第 67 条 授予的权利

采石开采授权书将授予持有人在其划定范围内实施所有矿物勘察和开采施工的专属权利。
采石开采授权书授予持有人的权利为动产性质、不可让与,但是可以典当。

第 68 条 与土地所有人的关系

如果有人申请在私有土地上进行采石活动,该土地的所有人可以有以下 3 种做法:
——拒绝申请;
——将其土地卖给申请人;
——将土地提供给申请人使用,使用期限由本法的执行条款规定。
如果该土地是国家的私有产业,国家可以拒绝申请或者将土地提供给申请人使用,使用期限由本《矿产法》的执行条款规定。
使用停止后,无论是出于什么原因,土地所有人有权要求修复采石场。但是,如果是因为采石场所有者的过失而造成使用停止,则他须向开采人支付赔偿金。

第 69 条 证书的授予

主管行政部门和相关地方行政区批准之后,并且社会环境影响研究等文件已经审查,根据地矿部长的决议永久性采石场的开采授权书将发放给几内亚籍的自然人或法人。
永久性采石场开采许可证的授予条件与矿权许可书证的发放条件相同。
证书技术委员会批准之后,临时性采石场开采许可证由国家矿业局根据其地区代表人的建议发放。
国家矿业局负责预审申请和评估地籍。
技术评估和社会环境影响研究评估以及相关意见由国家矿业局和证书技术委员会共同给出。对于永久性采石场,地矿部长将决定是否批准授予矿产证,并且负责矿产证的通知和公布。

第 70 条 有效期

永久性采石场开采许可证的有效期为两年。可以多次更换,更换条件与授予条件相同。每次期限为两年。
临时性采石场开采许可证的有效期为 6 个月,只能更换一次。如果开采活动持续进行,该采石场将成为永久性,并且自开放之日起必须遵守永久性采石场相关的条款。

开采许可证将指出允许取样的期限,并确定提取矿物的数量和目的地、应缴税款、取样及附带活动所需土地的占有条件。

开采许可证还将指出证书持有人的义务,尤其是关于社会环境影响研究报告和开采关闭之后采石场的复原方案。

第71条 一般规定

如果这些规定不违背本法及其执行条款,本法第二编第三章和第五编第三章以及这些章节的执行条款将适用于采石场的勘测许可证和开采许可证。

矿业行政部门在矿产证持有人或许可证享有者的地方采取可以影响《矿产法》授予权利的行动之前,应将意见书面邮寄给当事人或按照本《矿产法》和矿业法规公布。

矿业行政部门或行政当局或地方行政区域必须关注和回复3个月内所有按照《矿产法》提交的意见申请或授权书申请。

第72条 违法行为

违反本《矿产法》及其执行条款规定的采石场制度以及本法第88条的行为,将依照现行法律条文制裁。

第73条 国有采石场的开放

在主管部长以及环境、地方行政区与省行政机关批准之后,地矿部长可以批准开放国有采石场。

批准开放国有采石场的决议将指出采石场的位置、允许开采的矿物、开采条件、提取方案、开采税收和开采后采石场的复原方式。

第三章 有关矿权证及其他各种许可的通用条款

第74条 优先权

矿产证以及许可证的颁发应对优先权予以保留。

第75条 矿权证和许可证的重叠

对于不同类别的矿物,不同持证人之间的探矿许可证和找矿许可证是允许重叠的。最新证书持有人从事的活动不能对最早证书持有人的活动造成损害。

否则,最新证书的划定范围可能被更改,或者持证人在整个或部分公共面积上行使的权力将暂时中止。

不同持证人之间不同类别矿物的矿权证和许可证的其他重叠是不被允许的。

除了探矿许可证和找矿许可证外,不同持有人之间所允许的证书重叠只限于矿权证和采石证之间,以及矿权证和石油证之间。

在重叠的情况下,矿产证和采石证之间在相同面积上,以及矿产证和石油证之间的相同面积上,最新证书持有人从事的活动不能对最早证书持有人的活动造成损害。

否则,最新证书的划定范围可能被更改,或者持证人在整个或部分公共面积上行使的权力将暂时中止。

两方持证人意见达成一致之后,应参考国家矿业局的意见决定更改最新证书的划定范围或中止持证人的权利。

如果该证书为探矿许可证,应根据地矿部长的决议决定。如果是开采许可证或采矿特许权证,则由共和国总统颁布法令决定。

第 76 条　生效

除非在机构文书中有相反规定,否则矿权证或许可证自相关认证决议,决定或法令签署之日起开始生效。

第 77 条　更换

勘探许可证、开采许可证或采矿特许权证的更换申请的提交期限分别为:勘探许可证最迟在证书有效期限到期前 3 个月,开采许可证或采矿特许证许可证最迟为证书有效期限到期前 6 个月。

第 78 条　延期

如果在某一矿权证或许可证有效期到期之日,矿业管理局未按照本法规及其应用文件规定的形式或规定的期限内对提交的该证书或许可证续期申请作出决定,那么这种情况下该证书或许可证将自动延期并无需办理任何手续,直至续期文件或通知持有人驳回申请的文件下达之日。

当满足本法第 24、33、40 和 45 条中所提出的所有权利续期条件,及面积归还义务条件以及地质结果的条件时,如果未对按照本法规规定的形式及期限提交的矿产证续期申请作出决定,那么有效期到期 3 个月后将视为对申请进行默认批准。

第 79 条　拒绝更换

如延期正式通知被拒,矿权证持有人应在下列期限内撤离其占用的土地:勘探许可证 6 个月内,采矿证或采矿特许权证 12 个月内。

第 80 条　界线划定及标界

矿权证和许可证授权区域范围的界线划定通过十进制坐标予以确定。

许可证持有人的权利针对通过最终区域范围表面上的无限延长的竖直垂线限定的范围。

矿权证或许可证持有人必须按照本法规的应用文件对其所在的区域范围进行标界,但勘测授权书除外。

标界费用由持有人承担且应与相关管理部门及社会各界配合进行标界。更新条件与归还条件相同。各人签字的会议纪要应纳入档案。

第 81 条　报告

矿权证或许可证的持有人必须向 CPDM 提交报告,一式 5 份,其中一份提交给国家矿业管理局,一份提交给国家地质管理局。以纸质及电子版形式送交的每份报告必须包括所有所需的图纸、图表、剖面图、表格及照片。

报告以及其他所有的附属文件必须使用法语。

矿业管理局将在保存各份报告时发放确认回执。

上述报告的内容及周期性在本法规的应用文本以及机构文书中有明确规定。

第 82 条　矿权证和许可证的终止

矿权证或许可证在所授予的期限到期时终止,包括可能发生的续期,自动放弃或撤销。矿权证或许可证终止后,授予其持有人的相关权利将免费归还给国家所有。

许可证持有人指定给第三方的相关内容或矿产证所在区域的权利自该矿产证终止之时起也将自动终止。

然而,矿权证或采石场开采许可证的持有人应继续支付有关税费并且应继续履行应由其承担的与环境及开采场地修复相关的义务,以及在本法规中应用的文本及招标细则或采矿公约中规定的其他义务。

另外,持证人必须向矿业管理局提供一份关于施工工程的详细报告,一式 5 份。提供的所有信息将成为国家财产。

第 83 条　矿权证终止时设施及建筑物的处置

在采矿许可证被撤销或到期的情况下,国家享有优先购买权以获得全部或部分用于开采运营的公用设施或建筑物,购买价格不得超过其经审计的剩余价值。

自采矿许可证或采矿特许权证终止之日起,国家拥有 3 个月的期限使持有人了解其打算行使这项权利的意向。

第 84 条　放弃

矿权证或许可证的持有人可自动放弃全部或部分权利,前提是对于勘探许可证由于合理的技术经济原因或出现不可抗力的情况应提前 3 个月进行预先通知,对于采矿许可证和采矿特许权证,提前 6 个月进行预先通知。

然而,矿权证或许可证持有人在放弃生效以后应继续支付有关税费并且应继续履行应由其承担的与环境及运营场地恢复相关的义务,以及在本法规中应用的文本及招标细则或采矿公约中规定的其他义务。

第 85 条　放弃生效日期

对于勘探许可证和采矿许可证的自动放弃由地矿部长签署的部令确认;对采矿特许权证,通过总统令予以确认,确认期限不得超过预先通知的期限。

超过此期限,矿权证或许可证持有人应向地矿部长在此发函通知。如在地矿部长收到该通知函 1 个月内仍未回复,则视为该放弃行为被予确认。

第 86 条　放弃的范围

自动放弃可为全部放弃或部分放弃。部分放弃可包括许可证上列出的内容事项或某些区域面积或者两者兼而有之。

如果自动放弃针对区域面积,所放弃的区域面积应尽可能地形成相对紧凑密集的区块,其侧边方向为南北朝向或西东朝向,且与采矿区域的一侧相连。

自动放弃全部或部分开采运营权所赋予的权利将导致同等程度上放弃与其相关的附属权利。

第 87 条　不可抗力

不可抗力是指任何不可预测及不受某一方控制或意志之外的事件,行为或情况,以及阻碍该方当事人履行其义务使其不能履行义务的事件,行为或情况。

下列事件可构成不可抗力因素：

——战争（无论宣战与否）、武装起义、社会动乱、封锁、骚乱、破坏活动、禁运、总罢工；

——任何自然灾害，包括流行病、地震、暴风雨、洪水、火山爆发、海啸或其他恶劣天气、爆炸及火灾；

——任何其他不属于当事方控制范围内的原因，由于市场价格动力造成的经济困难除外。

因此，通过认真细致能够分析预见其发生以及可预防其发生后果的任何行为或事件都不能构成本法规中所规定的不可抗因素。同样，任何使得履行义务更加困难或使得债务人的偿付更加昂贵的行为或事件也不能成为构成不可抗力的因素。

以不可抗为理由的一方应在不可抗力事件出现发生后最迟15天期限内尽快向另一方以挂号信的形式寄发一份通知并附带收信回执，在通知中写明不可抗力构成事件以及该不抗力事件对于机构文书中包含的义务的实施所造成的后果。

在任何情况下，当事方必须采取任何有效措施降低不可抗力对于其履行义务所产生的影响并在最短的期限内确保受不可抗力事件影响的义务履行恢复正常。

如果在不可抗力事件发生后，义务中止超过1个月，各缔约方必须在最短时间内根据最快那一方的申请进行会面，研究上述不可抗力时间对于履行契约产生的影响后果，特别是对于各方，其附属公司以及其分包商应尽的任何性质的财政义务所产生的影响后果。在对财政义务产生影响的情况下，双方应寻求适当的财务解决方案以适应新形势下的项目，要用特殊的措施使得双方在处于再度平衡的经济形势下以便工程项目的继续进行。

如果在不可抗力事件发生3个月后未对所要采取的措施达成一致，这种情况下按照本法规第219条的规定，可根据最快那一方提出的申请立即进行调解诉讼程序，必要时采取仲裁程序。

第88条 矿权证与许可证的撤销

根据现有的法律条例，如果有以下情况，矿权证和许可证将被撤销：

——在没有正当理由及损害总体利益的情况下，勘探活动暂停超过6个月，采矿活动暂停超过12个月。

——根据项目可行性研究报告，在探矿证规定区域内存在经济上及商业上可开采的矿层，而未按照本法第34条和第41条的规定的时间和程序进行开采活动。

——违反以下本法规定的任意一条：

• 根据此期间矿权证或特许权条款，矿业工程连续两年实际支出小于预算支出25%以内的，除不可抗因素外。即使不可抗因素情况下也不能超过12个月。

• 根据本法第34条和第41条规定，取得探矿证起6个月内没有动工，取得采矿证起18个月内没有动工，获得开采特许权两年内没有动工。

• 证书持有者没有按照正规方式，现行法规条令拥有采掘记录、出售记录、发货记录，没有在税局及矿业部法定办事处做此类相关登记。

• 没有支付税金与租金。

• 勘探、开采活动在矿业证规定范围外，或者是所开采的矿产没有包括在矿业证内。

• 在持有探矿证的情况下却从事开采活动；

• 在授予开采权时持有人用于担保正确进行操作的财务抵押品消失或失去技术能力。

• 在事先未得到下文第90条规定的许可的情况下转让，让与或出租权利。

• 转让，没有支付预剩余部分的代扣所得税，参见第91-Ⅲ条；

• 转让，没有支付实际剩余部分的代扣所得税，参见第91-Ⅳ条。

- 转让,转移或者出租全部或部分勘探许可证书中的矿业税务。
- 反复出现与财务状况及资产负债表的真实性不符的偷税漏税行为。
- 违反了本法第8条关于利益冲突的条款及第155条中《良好行为准则》的条款。

此撤销令由地矿部长在向矿权证或许可证持有者下达通知,请其在下列时限内提供履行义务的证明后签发:

探矿证,许可证时限为一个月;

开采许可证与采矿特许权证时限为45天。

自收到上述通知之日起,在上述规定期限内,矿权证与许可证持有者不得从事任何相关技术业务。

第89条 取消持有人的权利及义务

撤销矿权证或许可证的决定将明确指出矿权证及许可证的终止日期。

自矿权证或许可证被撤销之日起,持证人将失去所有被授予的权利。

由持有人负责承担的矿权证或许可证相关义务自撤销矿产证后也同时终止,本法规及其执行文件中规定的在矿权证或许可证到期后由持证人承担的义务除外。

持证人还必须对其在矿产证撤销之前从事的活动造成的损坏性后果进行补救,并且应对这类活动导致的损害,尤其是对造成矿产证撤销的过失接受处罚。

自矿产证撤销决定的通知下发后60天期限内,针对该撤销决定的上诉将暂停执行。

在驳回上诉的情况下,国家接受由持证人提供的保证金,这种情况下撤销矿产证的决定也可服从暂停实行的判决效力。

可要求的保证金或担保金的最高金额将足够担保持证人承担的所有义务。

第90条 转让、转移与出租

即使是由于所有人死亡,勘探许可证也不可分割,也不得进行整体或部分转让或转移,违者将以相关证书及许可证无效方式处。

开采许可证与采矿特许权证可进行整体或部分转让或让与。

当某一开采许可证或采矿特许权证有多个持有人,转让或让与他们当中某一人的权利,所有人必须达成一致,且如果他们当中的一位或多位死亡,则必须获得其权利继承者的同意。

某一矿权证持有人允许委托,转让或转移全部或部分授权书相关的权利及义务的任何合同或协议必须事先提交给地矿部长审批。将通过关于采矿特许权证交易的相关法令进行批准授权。

任何采矿利益持有者的直接或间接控股权变化都将提交给地矿部长进行审批或由其声明有效。

任何直接或间接,部分或全部收购,只有所收购的股份占矿产证持有企业股份的5%,都必须提交给地矿部长进行声明有效。

确定控股权变化必须获得地矿部长与财政部长的联合决议。

所有的全部或部分转让,转移及出租,以及正式收购矿产证的决定在提交给地矿部长审批之前必须获得国家矿务委员会的赞成意见或声明有效。

本条规定中的权力机关的声明有效或批准应服下述准则:

——矿权证的当前持有人在与本法规、矿权证及其他几内亚法律相关的义务方面要完全合法;

——受让方拥有足够的技术能力及财务能力实现矿产证的相关条款;

——受让方必须符合本法第15条中的相关要求。

已缴纳本法第91条规定中的所有税款。

对于持有几内亚矿权证的企业在经过证券交易操作后产生的任何股权变动,都必须在不超过48小时的期限内向地矿部长寄发一份信息记录。

矿权证持有企业的任何股权变化都必须在官方公报纸、地矿部官方网站或地矿部长指定的其他网站上发布。

第91条　转让契约登记与资金交易处理

第91-Ⅰ条　登记

所有权转让、转移、出租行为发生的相关费用，要按照税法相关规定予以登记。

第91-Ⅱ条　矿业开采证、开采特许权证或采石场开采许可证转让获得增值

所有矿业开采证、开采特许权证或采石场开采许可证转让的收益都将根据税收总则的规定征税。该增值部分的税基为矿业证或许可转让的价格与该矿业证或许可账面净值的差价。

当双方在转让证上登记的转让价格低于实际价格，或税务部分认定充分竞争的价格高于该转让价格时，税务部门可对该价格提出疑问。

根据税法总则第92条款，认定的增值和减值将以原本结果对待并征税。

第91-Ⅲ条　矿权证或许可证持有法人的股票或股票凭证的转让

所有矿权证或许可证持有人的关于矿权证或股票凭证的转让均按照增值制度征税。

股票或股票凭证的转让增值的税基为股票或股票凭证的转让价格与此股票或股票凭证的账面净值的差价。

转让与股票或股票凭证的法人的资产在几内亚境内，针对一个已经转让矿业权证或许可持有法人的股票或公司股份的自然人或法人，其增值须源自几内亚。当其转让与股票或股票凭证的法人相关的资产在多个司法区域时，根据几内亚所有的分公司的资产的价值部分来计算增值。

因此，当转让方并非在几内亚创建时，对几内亚的增值部分征税，征税种类为公司税，税率为税法总则第229条订立的共同税率。税款由矿业权证或许可持有法人实行代扣。此项代扣所得税可于增值实现之时要求索还。

根据本矿业法相关条例的规定，若不支付可索还的代扣所得税，将被撤回矿业证或采矿许可证。

根据税法总则第92条的规定，当转让方在几内亚刚建立时，认定的增值或贬值以原本结果处理。

按章程明确此项增值的计算、申报及支付方式。

第91-Ⅳ条　对矿权证或许可证持有法人进行间接控制的股权转让

当矿权证或许可证的持有法人受到的间接控制转变时，在该转变发生前12个月的针对自然人或法人的整个股份许可转让，需要根据增值条例征税。

通过间接控制，在无特别限制的情况下，会有一系列横向的股份参与（多家公司在一家公司里占有股份）及/或一系列纵向的股份参与（一间公司连续对一间或多件公司进行控制）。通过这些股份参与，一个自然人或法人可以对一个矿业权证或许可的持有法人进行控制。

当一个自然人或法人有效参与有关发行企业的管理和财务政策的决定时，会产生影响。

当出现以下情况时，实行监控：

- 当自然人或法人直接或间接地持有部分资产，这些资产使其在发行企业股东大会上持有大部分投票权时；
- 根据与其他合伙人或股东达成的协议，自然人或法人在这家公司里控制大部分投票权时；

• 当自然人或法人根据其持有的投票权,实际上掌握此公司股东大会决定权时。

增值的征税基数为转让价格与股份参与证券账面净值的差价,此税基对矿业权证或许可持有法人进行间接控制,在此间接控制改变前的 12 个月,此间接控制转让给一个此后对矿业证或许可持有者实施间接控制的自然人或法人。

若已让与股票或公司股份的法人的资产在几内亚境内,针对一个已经转让矿业权证或许可持有法人的股票或公司股份的自然人或法人,其增值须源自几内亚。当转让股票或公司股份的法人的资产在多个司法区域建立时,只计算属于几内亚所有的分公司的资产的增值。

因此,须对几内亚本地公司的增值征收公司税,税率为税法总则第 229 条订立的共同税率。对矿业证或许可持有法人征收代扣所得税。此项代扣所得税在增值实现之时可要求索还。

根据本法例相关条款,若不支付可索还之代扣所得税,将被撤回矿权证或许可证。

按章程明确对一个矿业权证或许可的持有法人所进行的间接控制的计算方式规定,以及关于此项增值的计算、申报及支付方式规定。

第四章　获得矿权证或许可证的条件

第 92 条　履行的义务

任何自然人或法人,其中包括土地所有人或地上所有人在几内亚共和国领土以及其专属经济区内从事本法上述第 6 条中规定的一项或多项的经营活动时,必须遵守本《矿产法》规定及其执行条款。

因申请不符合本《矿产法》要求而被驳回的申请人,若国家完全或部分拒绝授予矿产证或授权书,该申请人无权享有赔偿。

任何法人若未按照有关商业公司与经济利益集团(GIE)的权利的 OHADA 统一规定而组成,则不能获得采矿证或采石场开采许可证。

第 93 条　无资格

在下列情况下,任何自然人均不能获得矿权证或许可证:
——公司章程和从事的商业活动不相符;
——因违反了本法及其实施条例而被判处有期徒刑;
——其申请不符合本法及其实施条例的相关要求。

第 94 条　连带责任

在经营、矿山出租及/或分包过程中,矿权证或许可证持有者对其矿山承租人和分包商负有连带责任。

连带责任适用于相关海关义务,但不适用于内部税制。

当一矿权证或采石场许可证的持有人多人共同持有时,共同物主行使共同连带责任。

第五章 一般担保

第 95 条 一般自由权

在国际协议范围内并且遵守几内亚共和国相关法律和法规前提下,应当确保第 15 条中规定的人员有以下权利:
- 有权自由处置其财产以及组织其经营业务;
- 有权根据现行法律和法规进行人员招聘及解雇;
- 可自由选择经营项目;
- 在几内亚共和国自由实现其员工以及产品的流动;
- 有权引进资产和服务以及其经营活动必需的资金;
- 有权向国际市场投放产品,有权向国外市场出口及投放产品。

第 96 条 公平对待

在其专业经营活动范围内,外国雇主和雇员都应当遵守几内亚共和国的法律和法规,不得歧视任何几内亚公民。

在几内亚共和国法律和法规范围内,雇主和雇员可以加入专业的保护组织,选举代表的条件与几内亚企业和个体相同。

第三编　地下水和热矿的相关规定

第一章 勘探和开采

第 97 条 从事勘探和开采的权利

任何人不得在未取得勘察许可或开采许可情况下在几内亚共和国境内从事地热矿层或地下水的勘察或开采。

第 98 条 地下水和热矿的使用

储存在地下深处的水源,在达到适当温度时可作为热矿水资源进行开采,或用于其他用途。上述水域获得的许可证必须确定其使用的用途。

第 99 条 勘探许可证

地下水和热矿的勘探许可证应当由矿业部门的决定根据 CPDM 的推荐授予已根据本法或其执行条例的相关要求提交了申请的申请人。

地下水或热矿勘探许可证应当规定可进行钻探的范围。

第 100 条 开采许可证

地下水和地热矿的开采许可证应当由矿业部门以及水利负责部门的相关决定根据 CPDM 的推荐授予。

地热矿开采许可证采根据一个范围两个深度确定可进行开采的体积。同样许可证还可限定将提取的热量输出。

地热矿开采许可证可对许可证所有人规定可能包括在内从而尽可能保存矿床资源的暖气设备液体以及产品的提取、使用和回注的特殊条件。

地下水开采许可证应当确定开采范围,并且规定开采许可证所有人可提取的最大输送量。

除许可证另有规定外,地下水开采许可证所有人在任何情况下都不能提取可能危及水资源更新的输出量。

地下水开采许可证同样可以采用两个深度确定其可开采量。

第 101 条 地下水和地热矿的开采

地下水以及地热矿的开采过程中必须确保资源的合理开发利用。

为此,相关证书的持有人必须采用水利和能量产业的许可技术进行相关工程施工,从而按照本法、《水法》和《环境法保护法》的规定使水源免受任何污染。

第 102 条　范围

在开采许可证发放之后,地下水或地热矿的开采许可证的范围包括在已勘察到开采所需质量的开采用水的上述勘探范围内进行的钻探。

第二章　法律制度

第 103 条　法律制度

由水利部长的命令规定地下水开采无需过多考虑的条件以及可能违反本法规定,尤其是关于用于家用井的钻探和使用的开采情况。

由本法及其实施条例、《水法》及其实施条例的法律制度适用于热矿层和地下水的勘察和开采活动,但是所有的适用条款不能够与本法以及本法的实施条款相违背。

第四编　从事采矿或采石作业的相关权利和义务

第一章　概述

第 104 条　国家矿产资源的开采

按照本法、《环境法》以及相关实施条例的规定，采矿及采石作业必须确保矿产资源的合理开发利用。

为此，矿产证持有人（手工业活动除外）必须采用经采矿业认可的技术进行开采作业。

第 105 条　住所的选定

任何矿权证或许可证持有人，除非不居住在几内亚共和国境内，否则必须选择其住所并且必须拥有一个代表人。该代表人应向矿业行政部门告知其身份以及资质。因此被选派的授权代表必须被详细告知所进行的作业，从而能够向管理部门提供必要的信息。

第 106 条　损失和损害的赔偿

矿权证或采石许可证持有人以及以个人企业必须根据现行法律法规的相关规定为其可能造成的损失和损害向国家或任何个人进行赔偿。

第 107 条　几内亚企业的优先权

矿权证或采石许可证持有人以及个人企业，对于所有合同应优先考虑所选择的几内亚企业，只要几内亚企业提供了相似的价格、数量、质量以及交货期限。在任何情况下，中小型企业、中小型工业、所有权属于几内亚人或由几内亚人控股的企业的比重应逐次递增且遵守以下最低限度：

在向矿产公司提供商品和服务时，中小型企业、中小型工业、所有权属于几内亚人或由几内亚人控股的企业的最低比重。

探矿期	建设期	开采期					
					第 1～5 年	第 6～10 年	第 11～15 年
10%	20%	15%	25%	30%			

为了促进私营产业的发展，开采许可证或采矿特许权证持有人以及个人企业对于他们活动中大范围使用的商品和服务，必须实施一项有助于设立和/或加强中小型企业、中小型工业、所有权属于几内亚人或由几内亚人控股的企业的援助方案。

每个矿权证持有人应当每年向地矿部提交一份有关他向中小型企业、中小型工业、所有权属于几内亚人或由几内亚人控股的企业的援助报告。该报告应当详细说明矿产证持有人为达到此条款中规定的最低比重而取得的进展以及为设立或加强几内亚企业能力而所进行的活动。还应提交中小型企业与中小型工业部之间的一份该报告的复印件。该报告必须刊登在《官方日志》和地形部官方网页上。

第 108 条　员工的雇用

矿权证或许可证持有者及为其服务之公司均须遵守与劳动条例相关的适用的法律要求。

采矿行业外国从业者的劳动许可由几内亚促进就业办公室（AGUIPE）或地矿部门许可的替代部门颁发。

根据本条第 1 段，矿业证或许可持有者应首先雇用具备所需能力的几内亚籍管理人员。因此，为使管理人员履行好从商业生产活动开始之日起头 5 年内的管理任务，矿业证或采矿场开采许可持有者应在建设期间，向职业培训部及地矿部门提交几内亚籍管理人员培训计划，使其具备公司管理之所需技能。

选拔方式在报刊上公布。

矿权证或许可证持有者及为其服务的公司在无资格要求的职位招聘中必须只招募几内亚籍员工。矿业证或许可持有者的领导部门可为当地社区侨民保留一部分无资格要求的职位。

在适用法律的条件下，矿业权证或许可持有者可以聘用合理数量的华侨。

不遵守此限额规定的矿业证或许可持有者将被处以罚款，罚款金额及支付方式将通过一份执行文件规定。

自商业性首产之日起，采矿证或采矿场开采许可证持有人的副总经理应由具备此职位所需技能的、由公司根据其内部程序完成招聘的几内亚人担任。

自首次商业生产开始之日起的 5 年后，该公司的总经理应由具备此职位所需技能、根据公司内部程序完成招聘的几内亚人担任。

矿权证或许可证的持有者须逐年向就业部及地矿部提交一份关于招聘几内亚员工的报告，此报告须详细列明矿权证或许可证持有者在完成本条例所要求招聘限额方面的进展，以及其在创造职位及提高几内亚人能力方面所做的工作。本报告将在官方报纸及地矿部官方网站，或由部长指定的网站上公布。

第 109 条　员工的培训

所有矿业证或许可证持有者及为其服务之公司均须撰写一份关于尽量向公司及几内亚员工传授技术及能力的培训及改进计划，以及一份符合上一条款所订立之最低招聘限额的几内亚化计划，并须将这两份计划提交至国家培训及职业进修办公室（ONFPP）或任何替代部门，供其审阅批准。

培训及改进计划须特别包含以下内容：

• 接收职业学校或大学毕业生，为其提供为期 6 个月的专业实习，并为初级培训程度的学生提供为期 2 个月的企业认知实习；

• 几内亚籍员工参与在几内亚国内或外国组织的课程或实习。

几内亚促进就业办公室（AGUIPE）或所有替代部门可要求投资者组织几内亚员工参与在外国进行的活动，完整地培训几内亚员工，以使几内亚员工获得在采矿行业的不同领域的专业知识。

矿权证或许可证持有者及为其服务之公司须在遵守前一条款订立的最低招聘限额的前提下，为所有员工，特别是干部及领导班子，或所有需要特别专业技能的职位，订立一个职业生涯及继任计划。

须向矿权证或许可证持有者及为其工作之公司的侨民雇员派发一个工作许可证，该证提前明确这些侨民员工须在公司服务的年限。此年限应与几内亚共和国关于外国人入境及居留的法律所订立的最初年限，以及劳动法一致。此年限可续期一次。

第二章 非对外开放区域、受保护区域、或禁止勘测、勘探和开采区域

第110条 非对外开放区域

为了确保公共秩序，共和国总统可根据地矿部长的建议颁布法令，对于部分或全部矿产资源或采石资源，决定在一定期限内划定非对外开发区域，并且在这些区域中止授予手工业勘测或手工开采许可证、矿业勘探或开采许可证以及采矿特许权证。

第111条 受保护区域或禁止区域

可以在必须符合全局利益的地方划定一些任意尺寸的范围，限制或完全禁止进行矿物或采石的勘测、勘探和开采活动。这样做的主要目的在于保护建筑物和居民点、祭祀点或墓地、水域、沿海地区、通道、工艺品以及公共设施等。为此，持证人不能索要任何赔偿。

但是如果持证人在对这些范围分类（受保护或紧张区域）之前必须拆毁或废弃合法建立的工程或工艺品，那么拆毁或废弃的相关开支应获得赔偿。

任何矿物或采石的勘探、勘察或开采作业未经授权不得在以下地点的地表和半径100m范围内开放：

——墙体围起来或类似布置的产业的周围，村庄、居民点、井、宗教建筑、墓地及神圣地带，未经业主同意不得进行施工；

——另外在通道、水管以及公用事业及工艺品附近。

本条款中的预防措施由地矿部及相关部门共同决议。

禁止在海边开采石场或采矿场。

第112条 保护区域

根据采矿证或采矿特许权证持有人的申请，经地矿部调查后，地矿部长可以通过决议决定在持证人工地周边划定一个保护区。该保护区内禁止第三方进行全部或部分活动。

第113条 安全扩充领域

在矿权证或许可证划定的范围内，地矿部长可以就某特定持证人在建筑物和工艺品周围的安全扩充领域内所实施的勘探或开采活动颁布决议下达禁止令、限制令或设定某些必须要满足的条件。相反，部长也可以批准在安全扩充区域内进行某些施工。

第114条 赔偿

对于必须拆毁的建筑物和变得无用的建筑物，若施工因上述条款采取措施或撤销措施而受到影响，矿权证或采石许可证持有人将获得国家的赔偿，条件是这些建筑物是在上条条款指定决议公布之前建造的。

为获得以上赔偿，持证人应向矿业行政部门提供一份拆毁或无用工艺品的支出成本报表。

为了获得地矿部长的批准，这些支出和成本必须接受鉴定。

第三章 矿权证持有人之间的关系以及他们与国家、第三方和社区之间的关系

第一节 相邻矿产之间的关系

第 115 条 共同利益的施工

如果出于通风或水流的需要而与相邻采矿场相连或者为了开通相邻采矿场所需的通风、水流、运输或应急等通道而必须实施共同利益的工程，相关采矿场持有者不能反对开展这些施工，都应支持并按利益比重参与其中。

第 116 条 民事责任

当某矿产证持有人对另一矿产证的持有人的活动造成损害，根据民事责任的共同权利规定，后者应获得赔偿。

第 117 条 特殊情况

除了上述条款，若某个采矿场的开采施工过程中大量的水渗入到另一个采矿场内使后者遭受损害，则必须给予赔偿。确定赔偿金额时应考虑到相邻采矿场施工带来的较好水流在各个地点或各个时刻产生的好处。

第 118 条 边界地带

根据矿产局建议而授予的矿权证或地矿部长之后签发的决议，可批准设立一条宽度合理的边界地带。矿产证持有人在边界地带进行的施工将受到限制或被禁止，从而保护正在开采或可能开采的相邻采矿场的施工。

当前持证者不因边界地带建立而获得任何赔偿权。

第 119 条 未解决的争议

相邻采矿场之间未能友好解决的所有的矿产争议，合同双方应通知国家矿业局。

第二节 与国家的关系

第 120 条 特殊授权

矿权证持有人可以在其证书划定范围内施工或作业，安装设施，为行使勘察权或开采权建造有用建筑物或附属建筑物。持证人必须遵守本法的第 68 条和第 72 条以及《林业法》第 78 条的第一段规定。

然而，对于以下活动，持证者应该向矿业部提出申请，目的是能获得矿业部相关决议的特殊许可：

——清除地面上所有的树木、灌木及其他障碍物，在非持证人所有的土地范围内砍伐持有人活动所需的木材；

——开发既不能利用又不能保留的瀑布以及整治这些水流为其矿业活动所用；

——安装预备、集中或化学处理或冶金处理的设施；

——在非持证人所有的土地范围内开辟或是整治道路、运河、管道、渠道、传送带或其他用于运输产品的地面工程；

——新建或整治铁路、海港或河港及航空港。

第121条　基础设施的建设及归属

采矿行业必要的基础设施由国家建设或通过国有-私有合作体制（PPP）建设。在所有情况下，国家直接参与管理，或通过其持有或监管的任何实体间接参与管理。

基础设施项目进行有竞争力的国际招标，且在任何情况下均符合交通基础设施规划，并保证为第三方提供基础设施。

不论采用何种方式进行融资，交通基础设施（铁路、公路、桥梁）、港口基础设施、航空基础设施、聚居地及其附属地域、水网及电力传送管线，以及其他所有除生产工具外的永久固定设施外，均在矿业证的经营框架下建设。在给予投资者合理的回报年限加5年后，它们应无偿地转交给国家所有。

基础设施转交国家后，采矿公司保留优先使用基础设施的权利。根据具体情况，对于专用基础设施，公司保留其运营权；对于公用基础设施，由国家通过招标指定一个独立的机构进行管理。

第122条　遵守国家的国际义务

任何矿产证持有人，以及第59条中涉及的钻石、宝石和黄金的任何贸易参与人必须遵守由国家履行的国际义务。这些义务适用于他们的活动且可以改善矿业管理。主要涉及的方面包括西非国家经济共同体、金伯利进程以及采掘业透明度倡议组织的义务。

第三节　与第三方的关系

第123条　持证者的权利

矿物权不是所有权。对于地表活动或对地表产生影响的活动，任何勘探或开采权利没有得到土地所有者及其权利人的同意不能生效。

即使矿权证的授予范围超出本编的规定，土地所有者、土地有用益权者和土地占有者的权利，以及他们权利人的权利也不会受到影响。

只要矿权证、许可证或地矿部长的决议授权，持证人便可以在该许可证划定范围内占有其活动所需的土地。

第124条　赔偿

通过征收赔偿，所有权将在整个开采过程中行使。

矿权证或许可证持有者应向其矿业活动土地的永久性合法占有者赔偿由于施工给土地占有者使用权益造成的损失。

赔偿的总额、周期、结算方式及以上涉及的其他与赔偿相关的方式都应是固定的，并符合现行条款及实施法规的相关规定。赔偿总额要在工程承受的合理范围之内，不能影响工程的正常施工进度，由矿业活动扰乱造成的损失应根据当前法律法规进行比例赔偿。

第125条　公益事业

国家保证只要有必要，可使矿权证或许可证持有者得到不动产业主或其权利所有者的同意。若不动产者或其权利所有者不同意，根据现行规章制度，国家将强制不动产者或其权利所有者提前进行适当的赔偿,并要求必须准许实施工程,且不得阻碍其实施。土地价格或由于地役权的建立或其他实权的支分或占据而造成的赔偿,其金额作为征用财产来确定。

出于公共利益的要求时,矿权证或许可证持有者可以在现行法律所述的条文规定内,以采矿工程和开采所必须采用的设备之名义,继续征用不动产及必要的土地。

在任何情况下,因本条例所述的公益事业而进行的征用的相关赔偿,不得低于上文第124条所述的业主权利相关的征用赔偿总额。

第126条 责任,损害和赔偿

矿产证持有者对土地所有者、土地有用权益者和合法土地占有者或其权利人造成的所有损失,都将按照上述第124条的规定支付赔偿金。

特别是当土地所有者、土地有用权益者和合法土地占有者或其权利人由于采矿而开始施工或是拥有无用的设施,或者这些施工或设施的价值小于它们变为无用时的价值,持证人必须向他们偿还这些施工或设施的成本。

对于这些赔偿金,遭受损失方可以从矿产证持有人的活动和施工中提取好处来补偿。

第127条 第三方授权以及无赔偿

在开采许可证或采矿特许权证授权范围内实施工程、建造房屋或安装动产设施的任何个人必须在相关行政部门给出意见之后预先获得地矿部长的授权书。除非涉及的是用于采矿且由矿产证持有人或该人实施的施工、建造的房屋或安装的设施。

若无此特殊授权书许,采矿活动对实施的工程、建造的房屋和安装的设施所造成的损害无权获得任何赔偿。

第四节 与国家和第三方的关系

第128条 基础设施的使用

除了适用法律的规定,矿产证持有人可以使用某机构或由国家持股或控股的单位建设或整治的除武装部队之外的公路、桥梁、飞行区域、港口和铁路设施、附属交通设施或其他设施,以及水流和输电管道或交通干道,且无需支付超出几内亚公民和其他外国人员支付费用之外的金额。但是,持证人必须承担因过度使用国家基础设施而产生的所有修理费或修复费。

矿权证持有人在该证书批准范围之内或之外建造或整治的交通干道可以由国家或提出申请的第三方使用,只要他们的使用不会对持证人的活动造成任何阻碍或任何实质性的不方便。

行使该使用权的方式应由参与双方共同商定。

第129条 施工材料

根据开采活动和相关活动的需要,采矿许可证或采矿特许权证的持有人可以按照法规规定使用采掘工程的施工材料。

国家或土地合法占有人或有用益权人可以要求处置持证人未按照上述条件使用的这些材料。

第五节 持证人和社区的关系

第130条 社区的发展

任何开采证持有人必须与采矿许可证或采矿特许权证划定范围内或附近的社区签订《地方发展协

定》。这些协定的起草方式由地矿部长和权力下放部长共同决议。

该协定的目的在于建立一些条件，促进当地发展捐献的高效透明化管理。该捐献由开采证持有人缴纳。这些条件将考虑如何加强社区规划和实施发展计划的能力。

协定内容必须包含当地居民乃至所有几内亚人的教育的条款，保护环境和居民健康所采取的措施以及社会方面项目发展的过程。透明化原则和咨询原则将应用在"当地发展基金"的管理上以及社区发展的所有协定上，这些协定将将公布告知相关居民。

对于第一类的矿产，开采证持有人为社区发展捐助的金额为矿业公司营业额的0.5%。对于其他类别的矿产，捐助额则为企业营业额的0.1%。

矿权证持有人自第一个商业首产日开始向设立的"当地发展基金（FDL）"提供捐助。具体捐助方式、"当地发展基金"的运作条例和管理条例将由共和国总统令确定。

第131条 开采区的关闭

开采证持有人必须尽可能逐步且有条理地关闭的开采区，方便社区转让其活动。持证人必须在预计关闭日期前12个月通知相关的行政部门，并且在该关闭日期前6个月与领土与社区行政部门共同准备一份开采作业结束方案。

开采作业结束方案要求"卫生与环境影响评估委员会（CEISE）"或相当机构的部门确定为了使区域内各种生活形式和活动形式相融合而采取的措施的是否适合和有效。应注意：

——消除危害人类健康和安全的风险；
——将工地还原到社区认可的状态；
——重新恢复与大自然植被特性相同的植被。

第四章 适用于放射性矿物的特殊条款

第132条 适应范围

放射性矿物是指铀，钍和一些其他的放射性矿物以及它们的衍生物。

第133条 特殊条件

根据地矿部长的建议，共和国总统将颁布法令确定发放放射性矿物矿权证的特殊条件。放射性矿物的占有、运输和储存条件由地矿部长、环境部长和卫生部长共同决议。

第134条 申报义务

任何自然人或法人一旦发现放射性矿物的矿层或迹象，一定要立即通知国家矿业局。

任何放射性矿物的持有者一定要向国家矿业局发表申报。

产生或可能产生产业转移、所有物转移或放射性矿物加工的任何操作，以及这些矿物的任何引进事宜必须事先获得地矿部长的批准。

第五章 矿产废弃物的利用

第135条 预先许可

如果开采废弃物系非矿权证涉及的矿物，那么这些废弃物的利用、加工和开发增值必须事先获得地矿部长的授权。

第136条 制度

开采废弃物必须根据它们的使用遵守矿产制度或采石制度。

第六章 运输、处理或加工、销售和保险等活动

第137条 运输权

矿权证或许可证持有者可在此证书有效期内以及随后的6个月,将属于其的开采产品运输或派人运输至储存、处理及装载点。

关于出口,国家保留以海运形式运输50%的产量之权利。国家直接行使此权利,或通过其名下的任何实体间接行使此权利。

这项权利须依照国际最佳做法行使和实施。只有当价格、运输期限、安全及保险条件与其他供应商开出的条件相当时,才可行使运输权。

考虑到次年的生产,此权利的行使最迟在当年第一季度末以书面形式作出通知。

第138条 销售权及优先购买权

第138-Ⅰ条 销售权

对于所有高于现行FOB价格的报价,国家或其名下的任何实体根据其参与情况,保留购买及销售属于矿业证持有者的一定产量的权利。该产量相当于国家或其名下实体在该矿中的投资部分。

此权利的行使最迟在当年第一季末以书面形式作出通知,以便进行次年的生产;或于矿业证持有公司的长期销售合同结束时以书面形式作出通知。

当开出条件至少等同于其他买家开出的条件时,行使此权利。行使此权利不得牵涉有效期内的矿石销售合同的条款,也不得高于与国家在一个矿业证持有公司中参与的比例对应的数量。当国家向第三方出售矿石时,矿业证持有公司的其他股东有优先购买权。

第138-Ⅱ条 优先购买权

当交易在非竞争市场或参与者间进行时,国家或其名下的及为其工作的任何实体,可以对矿权证或许可证持有者生产的未经加工或加工过的矿物,行使优先购买权。

国家或其名下的及为其工作的任何实体,在行使此优先购买权时,须以对应现行FOB价格的105%的金额购买上述矿物。

优先购买权的购买量不得超过矿业证或许可持有者的产量的50%。

若国家根据可靠、具体的数据,认为矿权证或许可证持有者已经在连续3个月或更长的时间内,以低于市场竞争价的价格卖出其产品时,不得行使优先购买权。

行使此权利的条件按章程确定。

矿权证或许可证持有者须向地矿部及财政部提交价格,供其审查批准。这些价格包含在所有优先购买协定(CAP)的条款中,或所有经过持有者和任何潜在买家商讨的、关于长期价格订立的类似协定中。若自向国家提交所述价格或价格程序之日起的一个月后,地矿部及财政部对持有者未提出任何异议,则视为批准通过。批准通过后,国家在整个CAP或相关协定期限内,不得行使本条例定义的优先购

买权。

第 138-Ⅲ 条　以低于市场竞争价销售矿产品

若矿权证或许可证持有者以低于市场竞争价的价格出售其生产的未经加工或经过加工的矿物，尽管根据税法总则的相关条款，可能会对其执行税务或刑事处罚，但上述持有者仍须把其应纳税所得额调整至符合竞争的水平。

按章程确定关于行使此权利的相关条件。

第 139 条　加工及供应义务

根据现行法规，鼓励矿业权证持有者，或所有其他几内亚或外国投资者在几内亚共和国建立矿井或采矿场矿物的包装、处理、提纯、加工设施，包括金属和合金冶炼、精矿或这些矿物的初级衍生物的冶炼设施。

在几内亚矿业企业开采的矿石须优先供给在几内亚境内设立的加工企业。个人参与此供应的方式须通过地矿部长根据部长会议意见所提出的法令来界定。

第 140 条　遵守《保险法》的义务

矿权证或许可证持有人以及私营企业必须遵守几内亚《保险法》。对于他们在几内亚境内从事的所有活动，必须在几内亚注册的公司投保。

每次税务年度结束，几内亚中央银行、地矿部长和财政部长的代表组成工作组必须共同审查矿业公司签署的保险合同。

审查过程中证实的违法行为将按保险法规定予以处罚。

第 141 条　申报义务

矿物或化石的采购、销售、进口和出口等操作，以及在几内亚境内进行的包装、处理、精制和加工等活动（金属及合金、精矿或这些矿物或化石初始衍生物的制造）必须预先向地矿部长申报。这些活动将遵守不同的法规。

第七章　环境和健康

第 142 条　概述

除了本法条款，从事的任何矿产活动必须遵从环境保护和管理以及健康方面的法律法规。另外，授权书或采矿证的申请书必须包含一份符合《环境法》及其执行条款、相关国际标准的环境与社会影响研究报告。

行政部门的要求随预计施工的规模而定，譬如对于勘探许可证只要求一份简单的《环境影响说明书》。而对于开采许可证或采矿特许权证，则要求一份详细的《环境与社会影响研究报告》，还需附带《环境与社会管理方案》《危险研究报告》《卫生、健康与安全方案》和《迁移人口重新安置方案》。

因矿业作业而被迫迁移的《人口重新安置方案》除了包含基础设施方面外，还必须纳入收入损失补充和迁移之后生存的方法。为了重新安置人口和补偿损失，矿产公司将遵循政府确定的程序支付费用。改程序包括受灾人口的国际参与原则和国际咨询原则。

对于勘探许可证，《环境影响说明书》必须在开工前、证书发放日后 6 个月提交。

采用的技术和方法必须按照《环境法》和相关的最佳国际做法用于保护环境,确保工作人员和周边居民的安全。

第143条　环境保护和健康保障

为了确保矿产资源的合理开采可以保护环境和保障健康,许可证、矿权证持有人必须注意以下方面:

——预防或降低矿产活动对健康和环境造成的负面影响,尤其是:

- 化学品和危险品的使用;
- 对人类健康有害的噪声;
- 对人类健康有害的气味;
- 水污染;土壤空气污染;破坏生态系统和生物多样性;

——预防和/或治理任何泄露或排放,以消除或减少其对自然界的危害。

——促进或维持生活状况和人口的总体健康状况。

——预防和管理VIH/艾滋病。

——有效管理垃圾,减少它们的产量,确保完全无害性,在通知矿业行政部门和环境行政部门并获得批准之后对未回收的垃圾进行合适的处理。

员工职业病和职业性质疾病的预防体系必须包括"国家健康政策",针对矿业治疗机构的开发和运作而制定的标准和程序的执行条款。这些执行条款涉及的方面有:危害因子的检出、每年至少一次对员工进行系统性医疗检查以及卫生调节方案的实施。

若持证人未遵守其卫生方案的条款或者未履行本《矿产法》规定的健康方面的义务,则必须对其矿产工地周边区域的员工和居民所遭受的健康损害和危害承担直接责任。

在矿权转让的情况下,受让人和让与人将请求CEISE或相当的机构对相关工地进行卫生方面和环境方面的审核。

这些审核将决定让与人在持有矿产权期间在卫生方面和环境方面的责任和义务。

在矿权证批准范围内进行的树木砍伐或植被拔除等开垦作业、矿产和采石的挖掘和开采、交通干道的建造工程必须预先获得林业部长的许可,并且持有砍伐许可证或开垦许可证。

《林业法》及其执行条款指出的具有价值的森林物种将受到特殊保护。在矿产证批准范围内进行矿产和采石的挖掘和开采、建造交通干道时,只有获得林业部长的预先授权之后才能砍伐这些物种或截去一部分。

为了获得相关部长批准的这些许可证,持证人必须向地矿部长提出申请。

第144条　开采工地的关闭和修复

采矿许可证、采石场开采许可证持有人必须按照《环境与社会管理方案》开启一个环境修复信用账户,确保持证人开采工地的修复和关闭。该账户由法令制定,运作的方式由地矿部长、环境部长和财政部长共同决议。

因环境修复拨动的款项可免缴工业利润税和商业利润税。

若为了修复和关闭开采工地,持证人必须撤出所有设施,如地面上安装的整个开采车间。原开采工地必须尽可能确保稳定的安全条件、农业生产率和林业生产率,外观必须近似初始状态,被矿业行政部门和环境行政部门视为合适、可以接受。

矿业行政部门和环境行政部门检查之后若证实开采工地恢复良好,只要卫生与环境影响评估委员会(CEISE)或相当的机构作出批准,将发放交割证明书。该证明书将免除原开采人将对其原矿产证承担的所有义务。

卫生与环境影响评估委员会的批准通知书应包括以下内容：

——有关《环境与社会影响研究报告》《卫生影响研究报告》《项目覆盖地理区域基本卫生发展的援助计划》中推荐的缓解措施或补救措施，对这些措施的实施作出评估。

——安装区卫生系统的分析。内容包含潜在危险的识别、暴露程度的评估和重大风险的特征，还有疾病发生概率的计算。

——工地环境系统的分析。其中报考物理环境、生物环境和社会环境的描述。

若卫生与环境影响评估委员会未批准，在不影响其他举措的条件下，卫生损害和环境损害的修复和修理工程由国家环境局或其他指定的行政部门与国家矿业局联合强制实施，修复和修理费由持证人承担。

第八章　工作卫生与安全

第145条　法规义务

任何矿权证或许可证的持有者必须遵守由地矿部长与卫生部长、劳动部长和环境部长联合制定的最新版本的卫生与安全标准。

如果这些标准都低于持证人所遵守的其他标准，应以后者为准。持证人为此必须采用和实施与这些标准相符的条例，为工作人员确保最佳的卫生条件和安全条件。

卫生与环境影响评估委员会同意之后，这些条例的条款必须预先获得国家矿业局的批准。这些条款一旦被批准，这些条例的复印件应张贴在开采地点和施工地点最显眼的地方，员工容易看见。

若采矿场或采石场内的某些施工委托给某承包商或某分包商，那么该承包商或分包商必须按照本条款亲自或命人检查条例。

第146条　未履行义务的情况

若矿权证或许可证的持有人未遵守上述第145条的规定，对于该持证人，地矿部长可以根据国家矿业局的建议颁布决议确定必要的措施确保工作人员的卫生和安全。

在紧急情况或临近风险的情况下，国家矿业局可以在等待上一段涉及的决议时采取临时措施。

在任何情况下，持有者有责任在规定的期限内采取规定的措施。否则，由国家矿业局将强制执行，且相关费用由持证人支付。

第147条　十八岁以下人员相关的规定

任何矿场、地下矿场、露天采矿场不能雇佣未满十八岁的人，在露天矿场的回采工作面或在用于吊起或移动物体的机器以及向上或下输送人员的绞车运行过程中和负责爆破的人员，均不得未满十八岁。

第148条　民用炸药的使用

民用炸药的进口、出口、制造、存储、搬运、购买、出售和使用由地矿部长和安全部长负责批准。

民用炸药的进口、出口、制造、储存、搬运、购买的条件通过地矿部长、国防部长和安全部长联合下达决议批准。

第149条　环境、健康和安全相关的特别条款

本条涉及的环境、健康、安全是规章内容的主旨，其内容由煤矿部、卫生部、环境部、安全部长的联合

声明决定。

第九章 国家参股、现场矿产资源的加工以及矿产活动的推广

第150条 国家参股

第150-Ⅰ条 国家参股的比例及方式

此本法生效之日起,国家可立即无偿在其发放的矿业证中参股,参股比例最多为矿业证持有公司资本的15%。

本法例生效前已签署及批准的矿业协定不适用于此条款。应根据本法例第217条规定所述之条件,在上述(已签署及批准的)矿业协定内实施本条例。

国家的参股不会因可能的股本增加而稀释。这种参与不须支付任何费用,相对地,不可向国家要求任何财政支持。矿业证签署后,国家即获得参与的股份。

国家的这种无偿参股不可出售,也不可抵押。通过这种参股,国家可获得由非洲商务权利和谐组织的关于商业组织及经济利益集团权利法案向股东提供的所有其他权利。

根据在矿业协定框架下与每家矿业公司确定的方式,国家有权以法定货币增加参股。此项参股选择可在时间上错开,但只可行使一次。本条例所述的国家参股比例不可超过35%。

以下表格以不同矿物分类,确定了国家在矿业证持有公司内的资本参与比例,最大比例为35%:

国家在矿业证持有公司内的参与比例:

矿物及衍生物	不被稀释的干股/%	期权股权/%
铝土矿	15	20
铝土矿+氧化铝联合企业*	5	30
氧化铝	7.5	27.5
铝材	2.5	32.5
铁矿	15	20
钢	5	30
黄金及钻石	15	20
放射性矿物	15	20
其他矿物	15	20

注:* 指铝土矿+氧化铝联合企业,是指项目既包括直接出口铝土矿,也包括氧化铝厂,一部分开采出的铝土矿在几内亚本土就地加工成氧化铝。

应矿业证持有者的要求,可以降低国家以货币形式对矿业证持有公司的资本进行的增加股份,条件是增加一个对应的价值作为补偿。这个价值是由一个通过共同协定选出的独立专家根据有关的矿物确定的,这个协定关于第161条列明的贵金属除外的矿物提取税率,或此公司须遵守的本法例第161-A条列明的贵金属工业或半工业生产税率。

国家以法定货币形式进行的参股可以转让和出租。国家保留以公开和透明的程序,拍卖其全部或

部分以法定货币进行参股的权利,矿业证持有公司的其他股东没有预先购买权。

关于国家以法定货币进行的全部或部分转让的决定和方式,应该符合国家的解约法律。

矿业开发公司的股东应签署一项股东公约,该公约确定了国家提前商议后所做的决定。

第 150-Ⅱ 条　矿产资源管理股份有限公司

建立矿产资源管理股份有限公司,国家是其唯一的股东。

该公司代表国家负责管理采矿证持有公司中国家的股份。

该矿产资源管理股份有限公司有责任将获得的股息红利和利润以股息的形式结转给唯一的股东,即国家。

该矿产资源管理股份有限公司的职权和运行方式由法定途径决定。

第 151 条　矿业推广和发展中心给予行政程序的便利

为了简化与矿业许可相关的行政手续和步骤,申请人求助于矿业促进和发展中心,该机构负责矿产地籍的管理和维护并在行政部门和中心之间充当中介。

矿业促进和发展中心认真负责与其他行政服务部门交涉直至矿业持有者的确立。在要求提交之后,通知申请人矿业或露天采矿场许可是否被授予的决定,勘探执照最晚在 45 工作日后被通知,开采或矿业授权执照则在 3 月后被通知。

第 152 条　矿产投资基金

矿业投资基金在于通过矿业遗产管理机构对矿业研究、培训以及矿业推广活动提供资金。基金支持的主要活动包括:

——地质研究项目的部分或全部资金;

——为增强矿业发展而提高相关人员能力建设提供活动资金;

——政府参股矿业项目所需部分或全部资金;

——矿业活动的管理,尤其是通过矿产和地质总局、矿业和地质管理局、反腐败局对矿山地籍、在数量上和质量上控制矿产品和石油产品;

——矿业推广活动。

对于矿业投资基金的预算是每年登记的收入和支出的财政法案。分配给基金的数额符合目前法律的第 173 条。这些资金支付应付款后,迅速由地矿部和财政部长联合商定许可。

第十章　矿业的透明化和防止贪污受贿

第 153 条　持有人的鉴定义务

矿产证或采石证的持有人或申请人以及他们的直接分包商必须向 CPDM 提供证书利益各方的身份,尤其是:

——每个公司合法证明的股东包括申请人和持有人或其分包商;

——每个公司的子公司包括申请人,许可证持有人和其分包商,他们和公司以及在公司实行裁判范围内保持联系;

——每个公司的董事及高级管理人员包括申请人,持有者和其分包商,这些公司的每个股东,他们任何人的身份都是机密的,他们控制着公司,任何一个 5% 或更多股权的持有者,在公司控制权或公司福利权上有表决权,以及通过这些权利的行使链的资格。

第 154 条　禁止公司支付贿赂酬金

禁止几内亚矿业公司或与该领域有利害关系的任何公司、或此类公司的任何公务人员、主管、职员、代表或分包商或者代表此类公司的任何股东向以下人员给予报价、承诺、捐赠、礼品或任何好处,否则将被起诉:

- 几内亚政府官员或民选代表。旨在通过行使矿业相关职能的时候影响某决定或行动。这些职能可包括矿产证的发放、矿产活动的监视或监督、矿产税缴纳的跟踪监测以及对矿产证延期、出租、转让、移交或取消的申请或决定作出的批准。
- 其他个人、团体、公司、自然人活法人。目的在于通过行使矿业相关的职能利用自己对几内亚政府或民选代表的任何行动或决定产生的假定影响或真实影响。这些职能如上段所定义的。

第 155 条　良好行为准则

拥有矿权证、申请矿权证、与地矿部长或其他几内亚政府机关协商矿权或者参加矿权证招标的任何自然人或法人应与地矿部长签订《良好行为准则》。该准则必须至少包括以下保证内容:

——遵守几内亚法律,其中包括本法中有关禁止支付贿赂酬金的条款。

——与几内亚政府或国会合作,对于不遵守本法中禁止支付贿赂酬金条款的行为作出调查。

——遵守"采掘业透明度倡议组织(ITIE)"提出的十二条原则。

若未签订该《良好行为准则》,该自然人或法人将不被授予矿权证。

签订的《良好行为准则》必须在官方公报、地矿部官方网站或地矿部长指定的其他网站上公布。

第 156 条　反贪污监督方案

每个矿权证或许可证持有人应在每个公历年结束后 90 日内向矿业与地矿部提交一份《反贪污监督方案》。

该方案应在地矿部的官方网页或在发行量较大的报刊上公布。方案应包含以下内容:

——在上一年中为确保持证人、公务员、主管、职员、持证人的代表人或分包商或者可代表持证人的任何股东遵守本法中禁止支付贿赂酬金的条款而实施的策略,例如采用和实施内部监督体系、对职员和合伙人进行防止贪污培训、为防止贪污和确定贪污行为组织审计和内部调查等。这里列举的策略还不完全。

——经过内部调查或其他手段证实上一段涉及人员违反本法中禁止支付贿赂酬金的条款的所有情况,以及在调查和反对犯罪的过程中采取的措施。

——为了确保持证人和涉及的个人遵守本法中禁止支付贿赂酬金的条款而将在下一年中采用的策略,例如采用和实施内部监督体系、对职员和合伙人进行防止贪污培训、为防止贪污和确定贪污行为组织审计和内部调查等。这里列举的策略还不完全。

第 157 条　处罚-证书的撤销

除了本法第八编的处罚规定,当许可凭证持有人、领导人员、代表人、持有人分包商,或以股东名义行事的代表人违反本法中禁止支付贿赂酬金的条款时,还可能被撤销相关的矿权证。

处罚前应进行分析,该分析主要包括:

——该处罚的严重性;

——违规时间;

——持有人违规定义,并将其提交;

——以持有人投资水平确定开发项目。

地矿部撤销证书的决定必须获得国家矿业局的批准。该决定应在官方公报和地矿部官方网站或地矿部长指定的其他网站上公布。

第158条 禁止公职人员及选任人员贪污

禁止行政机关或司法机关的公务人员、几内亚国家行政部门的其他代表或宣布矿业管理条款的任何民选代表在行使职能的过程中为了保持影响、避免影响或滥用影响而怂恿或批准给予报价、承诺、捐赠、礼品或任何好处,否则将被起诉。这些职能主要包括矿产证的发放、矿产活动和缴税的监视以及对矿产证延期、出租、转让、移交或取消的申请或决定作出的批准。

第五编　财政条款

第 159 条　通用条款

第 159-Ⅰ条　总体原则

除了税法通则里规定的赋税、费用和税费，矿业证或者授权许可持有者需支付本法第 159-Ⅱ条至第 164 条规定的其在几内亚开展业务的费用。

除另有规定，征收税费的程序按照公共法行事。如本法需要，税法通则或海关法令定义的原则和理念完全有效。

第一章　采矿税和特许权使用税

第 159-Ⅱ条　固定税费和年税

矿业证和授权许可的授予，以及许可证过期时，它的更新、续展、延长、转让和出租均要支付固定税费。该税费的金额和支付方式由法定途径来规定。

负责钻石、黄金以及其他贵重矿物市场投放的征税代理人，收购商行和注册收购办事处需每年支付固定费用。该费用的金额由法定途径来规定。

上述费用的结算和征收由法定途径来规定。

第 160 条　面积税

任何矿业证或授权许可持有者凭借许可证有权开展矿业业务。根据下表关于矿物的表格及地矿部和财政部对于采矿场矿物的联合法令，许可证持有者每年需据此支付面积税。

此面积税与矿业证或授权许可上的规定的面积成正比。

此面积税的申报和结算方式由地矿部长和财政部长的联合法令决定。

税率由地矿部长和财政部长的联合法令规定。

各矿业证需支付的面积税率（USD/km²）：

许可证类型	授予时	第一次更新	第二次更新
勘探许可证	10	15	20
工业化开采许可证	75	100	200
半工业化开采许可证	20	50	100
采矿特许权证	150	200	300
疏浚开采许可证	150*	200*	250*

注：* 按千米算。

第二章　矿产税

第 161 条　开采除贵金属外的矿产税

所有矿业证持有者均需缴纳开采矿物（贵金属除外）的税。但放射性矿物不需缴纳此税。

此税由矿物从矿山中取出时发生。此税最迟需在矿物出矿山的次月15号支付。但,如矿物是珍贵宝石和其他宝石,该税的支付日期即为国家钻石、黄金和珍贵矿物鉴定办公室的评估日期。

税基是矿物中提取物的价值。这个值取决于含量(也称为"级"),提取矿物的重量和该矿物的价格指数。特别是1类矿物中提取矿物的税基将根据它自身的实际含量按比例进行调整。

单位重量的定义如下表所示。矿物(放射性矿物、珍贵宝石和其他宝石除外)采用公吨(Mt)表示。放射性矿物采用半公斤(1公斤=1kg)表示。珍贵宝石和其他宝石采用克拉(Ct)表示。如开采矿物中包含多种类型的矿物,那么每种矿物将按照各自在提取的单位重量里的含量和适用于它的价格指数分开征税。

提取矿物的价格指数根据其类型,如下表所示。

然而,珍贵宝石和其他宝石的价值由国家鉴定办公室(BNE)根据宝石的质量和克拉来决定。

提取矿物的税率根据其类型,如下表所示。

任何延迟支付矿物税超过30天的行为应受到处罚,严重时可吊销采矿证或者关闭提取矿物的设施装置。

若采矿活动并非由工业化开采或半工业化开采许可证或矿业特许权持有者直接进行,而由其分包商实施进行,则该分包商应和矿业证持有人共同承担支付提取矿物的税费。

矿物提取的税收的申报及结算方式由法定途径规定。

此税在应课税的收益计算中可扣除。

若矿产证持有人不能提供经部长批准的证明其在几内亚完成了至少80%的加工矿石的基础设施建设工程的报告,则在下表中规定的矿产初始生产期过后,上表中规定的税率将会提高15%。

矿产初始生产期

	已经营公司	新公司
铝土矿	8年	18年
铁矿	—	20年

第161-Ⅰ条 贵金属工业生产或半工业生产税

所有从事贵金属开采的矿产开发证持有人均须缴纳贵金属工业生产或半工业生产税。

本税收产生于贵金属出矿之时。

税基按几内亚中央银行称重的金属锭价格,并考虑贵金属的纯度和伦敦贵金属下午定盘价。

税款在几内亚共和国中央银行对金属锭称重时缴纳。

贵金属开采的税率定为5%。

若称重的金属锭还包括主要贵金属之外的其他贵金属,在民用年每季度末,对其他贵金属也要按照相关法规规定征收贵金属工业生产或半工业生产税。几内亚中央银行按规定办法提取金属锭样品以检查金属锭品位。

所有延迟30天以上缴纳贵金属工业生产或半工业生产税的,将被处罚,若一直延迟或重复延迟,将会收回矿产证和关闭生产设施。

若矿产开发证持有人并不直接进行矿业生产,而是交由分包商进行,分包商和矿产证持有人共同负有缴纳贵金属工业生产或半工业生产税的责任。

贵金属工业生产或半工业生产税的申报和缴纳方式由具体法规规定。

此税在计算可征税利润时可扣除。

贵金属工业生产或半工业生产税率。

生产物	税收单位	税	税基
贵金属：银、金、铂、钯、铑	OZ	5.0%	伦敦下午定盘价

注：OZ.盎司＝31.103 477g。

当上表中的价格指数无效时，地矿部长和财政部长将联合颁布命令规定新的价格指数。

第162条　采石矿物税

石料开采和收集需缴纳地矿部长与财政部长联合颁布命令规定的税。

第163条　除贵金属外的矿物出口税

对矿产开发证持有人在几内亚境内开采并出口的未加工成半成品或成品的矿物，需征收特别出口税。

但贵金属出口无需缴纳此税。宝石和宝石矿需缴纳本法规第163A条规定的特别出口税。

矿物出口税税基为出口矿物价格。价格按照出口矿物的品位（也称为"品级"）、质量和现行价格指数确定。尤其是第1类矿物的出口税基将按照实际品位进行调整。

放射性矿物以外的矿物的重量单位为公吨，放射性矿物的重量单位为磅。如果每重量单位的出口矿物包含多种类型，每种矿物将分别按照其每重量单位的含量和现行价格指数缴税。

矿物的现行价格指数按照开采矿物的种类规定。

矿物的出口税率按照出口矿物的种类规定。

按照海关法规定的"出口"定义，在矿物出口时缴税。

纳税人为海关法规定的矿物出口商。出口税由委托代表的海关申报人共同缴纳。税款由海关按照海关程序征收。

计算、申报和缴纳方式由具体法规规定。

第163-Ⅰ条　简化申报制度

拥有矿业开采证、在几内亚开采矿物、仅将所开采矿物以原始状态出口、不在几内亚国内市场转售的人可申请简单申报程序。

通过此申报程序，可在同一申报中对本法第161条款涉及的矿物开采税及本法第163条款涉及的除贵重矿物以外的矿物出口税进行申报。

此申报程序仅在地矿部长及财政部长联合批准下才可启动。此特殊程序的应用方法由法规规定。

第163-Ⅱ条　贵重石料及其他宝石的出口税

由矿业开采证持有人在几内亚开采的、以原始状态或打磨后出口的贵重石料及宝石需支付特定的出口税。

贵重石料及宝石的出口税的课税基数为出口的贵重石料及宝石的价值。此价值由国家钻石、黄金和珍贵矿物鉴定局根据石料及宝石的质量及克拉来确定。

根据贵重石料及宝石的性质规定了贵重石料的出口税率。

不过，如果贵重石料或宝石在几内亚打磨后再出口，其出口税率将减半。

在贵重石料及宝石出口时应支付出口税，出口的定义由《海关法》规定。

此出口税的债务人为矿物出口商，出口商的定义参照《海关法》。以受委托代理身份进行海关申报的申报人对出口税的支付需负连带责任。海关手续全面适用。

此出口税的计算、申报及支付方法由法规规定。

第 164 条　手工开采黄金、贵重石料及其他宝石的出口税

由手工开采许可证持有人在几内亚开采的黄金、贵重石料及宝石需按下述税率支付出口税。

——黄金：税率为 1%，计算出口税时的参考价值为几内亚中央银行的黄金买入价格；

——单位价值低于五十万美元的钻石：出口税为国家钻石、黄金和珍贵矿物鉴定局鉴定价值的 3%；

——除钻石以外，单位价值低于五十万美元的贵重石料及宝石：出口税为国家钻石、黄金和珍贵矿物鉴定局规定价值的 1.5%；

——单位价值等于或高于五十万美元、包括钻石在内的贵重石料：出口税为国家钻石、黄金和珍贵矿物鉴定局规定价值的 5%。

上述税率可通过财政部长及地矿部长的联合法令进行调整。

出口时应支付出口税，出口的定义由《海关法》规定。此出口税的纳税人为出口商，出口商的定义参照《海关法》。海关手续全面适用。

此出口税的计算、申报及支付方式由法规规定。

第 165 条　不同预算分配

矿产证或许可持有人应向国家预算局缴纳固定税，除贵金属外的矿物开采税，贵金属工业或半工业生产税，采石场税，除贵金属外的出口税，手工生产黄金出口税。这些税收如下分配：

国家预算	80%
地方行政区和地方预算	15%
矿业投资基金	5%

第 166 条　款中贵重石料、宝石的手工、工业和半工业生产出口税

国家预算	67%
国家钻石、黄金和珍贵矿物鉴定局	21%
评估专家	12%

上述金额将公布在官方报纸以及地矿部、权力下放部和财政部的官方网页上。

地方行政区占有 15% 费用的使用、管理和监督的方式由地矿部长、权力下放部长和财政部长按照《地方行政区法》的条款共同发布的命令决定。

第三章　矿业清单

第 167 条　矿业清单的定义和批准程序

在开始作业之前，矿产证持有人应根据此法案第 168 条款规定的每一个活动阶段制定"矿业清单"，并提交给地矿部长和财政部部长征求批准。

矿业清单的内容应严格符合此法案第 167 条款定义的类别，其内容应包括所有的设备、器械、机械、原材料和耗材；根据本法案的第 171、171-Ⅰ、173、174 条款，在勘察和建设阶段，矿产证持有人在进口这些物资时可申请享受税务减免；根据此法案的第 179 条和第 180 条条款，在开采阶段申请降低关税

税率。

各个开发阶段的矿业清单的内容不同。勘察阶段的矿业清单只能包含勘察阶段所需的设备、器械、机械、原材料和耗材。建设阶段的矿业清单只能包含建设阶段所需的设备、器械、机械、原材料和耗材。开采阶段的矿业清单只能包含开采阶段所需的设备、器械、机械、原材料和耗材。

根据需求,矿产证持有人可定期修改矿业清单。在进口前,如果一些设备、器械、机械、原材料和耗材没有被预先列入到矿业清单并获得批准,那么必须向地矿部长和财政部长提交现有清单的修正条款以征求同意。这些修正条款须符合矿业清单的所有要求,尤其是符合清单的分类和内容。

但如果几内亚能生产同等产品,或在一定商业条件下能以低于或等同进口价格获得该物品,则不能在矿业清单上列出这些设备、器械、机械、原材料和耗材。

与矿产证持有人有关的分包商的物资清单应列入持有人的矿业清单的。这些物资应以专栏的形式列出,并以各个分包商命名。

矿业清单的提交、批准和修订的方法都由法规限定。

由矿业促进和发展中心代表、预算部办公厅和海关总局组成的委员会负责审查矿业清单。

地质和矿业监察局、海关总局以及一些技术主管部门,尤其是矿业促进和发展中心、国家矿业局、国家地质局、研究与策略局以及其他所有的主管部门共同负责跟踪监察矿业清单。在矿产企业的勘察阶段,这些部门负责跟踪进口的材料、矿业机械或其他产品。

第168条　矿业清单上商品的分类

矿产证持有人的进口商品应分为以下三类。

第一类:相关公司不动产登记簿上登记的设备、器械、大型工具、机器和车辆,但不包括旅游车辆;

第二类:用于原矿石的挖掘和浓缩的耗材,包括重油,但不包括燃料、液体润滑油和其他石油产品;

第三类:用于现场加工半成品或成品矿石的耗材,包括重油和特别的润滑油,但不包括燃料、液体润滑油和其他石油产品。

第四章　各个开发阶段的定义

第169条　各个开发阶段的定义

矿产证持有人享有的税务和关税优惠根据矿产证而变化,并随着各个活动阶段而改变。这些活动阶段包括:

- 勘探阶段;
- 建设阶段;
- 开采阶段,首次商业生产日期被视为开采阶段的开始。

每个阶段的结束都被视为下一阶段的开始,即使之前阶段的活动仍在继续。对于同一矿产,矿产证持有人不能同时享有不同阶段的税务和关税制度上的优惠。

这些税务和关税的优惠在本法中已确定。

若矿产证持有人采购石油产品,将无权享有任何减免优惠。然而,根据此法案第171、171-Ⅰ、173、174、176、179和180条规定,进口用于原矿石的挖掘和提纯以及用于加工成品或半成品矿石的重油可以免除增值税和关税(不包括清算处理特许费),其前提是这些重油被列在勘察阶段和建设阶段的矿业清单上。此法案第166条已规定,应在其矿产勘察、建设和开采阶段开始前,预先提交的对应阶段的矿业清单。

第五章 所有开发阶段的税务规定

第170条 矿产证持有人所雇佣员工的征税制度

根据《税法总则》第61条至第70条规定,矿产证持有人或授权人雇佣的员工包括侨民,须在几内亚缴纳个人所得税。

第171条 非工资收入和侨民员工私人物品的代扣所得税

第171-I条 非工资收入代扣所得税

根据正式批准的税收协定中的相反规定,矿产证持有人应支付代扣所得税,可免除其他收入税。该预扣税是在以下项目上提取的:由不在几内亚创立的外国企业或不在几内亚的个人提供或使用等价实物抵偿方式支付的款项。

该代扣税的税率由《税法》第198条确定,税款应由部门受益人提取,然后最迟在代扣的下个月15号支付给国库,并且不能从利润税中扣除。

第171-II条:外国员工的私人物品

矿产证持有公司的外国员工进口的私人物品免收关税。

私人物品属个人物品、家庭用品且无商业性质,这种情况下,允许其在合理数量内进口。

第六章 勘探阶段的税收及关税优惠

第172条 勘探阶段的免税规定。

第172-I条 勘探阶段的税收免除

勘探许可证持有人在勘察期间可免除以下税务:

- 增值税(TVA),包括在勘察阶段开始前,进口设备、器械、机械以及所提交的矿业清单上涉及的耗材,前提是该矿业清单符合本法第166条。然而,如果该进口物资不在《税法总则》减免法规内,则不能免除增值税。即使这些物资被列在正式批准的矿业清单上;
- 最低包干费(IMF);
- 营业税;
- 职业培训税;
- 单一土地税;
- 学徒税。

根据本法第166条规定,在勘探阶段开始前,需提交勘探阶段的矿业清单,才能享受减免规定的优惠。

《税法总则》的所有其他规定同样生效。

在预算部规定的年度定额范围内,进口的燃料、润滑油和其他石油产品可以退还增值税。

此减免优惠的限定时间为勘探阶段。

第 172-Ⅱ 条　关税

在勘探阶段，勘探许可证持有人可享有进口矿业清单列举的设备、器械、机器、原材料及耗材的临时许可。

在勘探阶段开始之前，只有在上述矿业清单被提出，并且根据本法案第 166 条规定得到正式认可的情况下，才能获得这些物资的临时许可。

然而，在矿业清单上列出的专业器械和专业设备的运行所需的材料和运输车替换零件不能享受减免优惠：

- 进口环节税；
- 登记税；
- 共同体税（PC）
- 附加税

勘探许可证持有人应在每年第一个季度向 CPDM、DNM 及海关总署提供获得临时许可的物资统计表。

当矿产建设开始时，不论勘探阶段的任何活动是否还在继续，勘探阶段被视为已经结束。

当勘探阶段被视为结束，享有临时许可政策优惠的物资从临时许可中排除，并且应当：

- 或者由勘探许可证持有人出口这些物资；
- 或者勘探许可证持有人在几内亚共和国保留或转卖这些物资。这种情况下，持证人则必须清偿缴纳海关总署所有税额。税基应考虑到临时许可结束之前的折旧。

然而，如矿产证持有人提出将上述物资列入到建设阶段的矿产清单上，持有人则可以向海关总署申请把这些物资的临时许可延期到建设阶段结束。

第 173 条　申报义务

尽管在此章节中提到免除税收，但勘探许可证持有人仍应遵循《税法总则》中第 108、238、239、241 条规定和《海关法》中的申报责任。

第七章　建设阶段的税收及关税优惠

第 174 条　增值税及其他税种的免除

矿产开采证持有人在建设期间可免除以下税收：

- 增值税（TVA）：在建设阶段开始前，矿业清单上提及的进口设备、材料、机器以及耗材的增值税。其前提是该矿业清单符合此法案的 166 条。然而，以下情况不能免除增值税：进口《税法总则》中减免法规排除在外的物资，即使这些物资被列在正式批准的矿业清单上，除了重油；
- 最低包干税（IMF）；
- 营业税；
- 职业培训费；
- 房产税；
- 学徒税。

根据此法案的 166 条款规定，在建设阶段开始前，需上交建设阶段的矿业清单，才能享受减免规定的优惠。

《税法总则》的所有其他规定同样生效。

在预算部规定的年度定额范围内，进口的燃料、润滑油和其他石油产品可以退还增值税。

此减免优惠的限定时间为建设阶段。首次商业生产日期被视为开采阶段的开始。建设阶段的结束标志着开采阶段的开始，不论勘探阶段的任何活动是否仍在继续。

第 175 条　关税的免除和申报义务

第 175-Ⅰ 条　关税的免除

矿业建设阶段中，开采许可证持有人享有临时进口矿业清单第一类物资的许可，也就是矿产证持有人不动产清单规定的物资。此法案第 167 条对此有定义。

只有在建设阶段开始之前，提交上述矿业清单并根据本法案第 166 条得到正式认可的情况下，才能获得这些物资的临时许可。

然而，在矿业清单第一类上列出的物资不能享受免除税收：
- 进口环节税；
- 海关登记税；
- 共同体税
- 附加税。

开采许可证持有人应在每年第一个季度向 CDMP、DNM 及海关总署提供获得临时许可的物资统计表。

当矿产开采开始时，不论建设阶段的任何活动是否还在继续，建设阶段均被视为已结束。

当建设阶段被视为结束，享有临时许可政策优惠的物资将从临时许可中排除，并且应当：
- 或再次由开采许可证持有人出口这些物资；
- 或由开采许可证持有人在几内亚共和国转卖这些物资。在几内亚共和国转卖的情况下，工业和半工业开采许可证或采矿特许证持有人则必须缴纳海关总署的所有税额。税基应考虑到临时许可结束前的折旧，执行税率为法定税率。
- 或由工业和半工业开采许可证或采矿特许证持有人保留这些物资。在这种情况下，工业和半工业开采许可证或采矿特许证持有人则必须缴纳海关总署所有税额。税基应考虑到临时许可结束前的折旧，执行税率为法定税率。

然而，如果上述物资被列入到矿产证持有人提出的开采阶段矿产清单上，并在整个开采阶段被持有人保留，那么根据此法案的第 179 条或第 180 条法规，因为涉及到现场转化或挖掘设备，可以减少关税税率。

第 175-Ⅱ 条　申报义务

尽管在此章节中提到免除税收，但开采许可证持有人仍应遵循《税法总则》中第 108、238、239、241 条规定和《海关法》履行申报责任。

第八章 开采阶段的税收和关税优惠

第 176 条 免税

进入开采阶段的开采证持有人可自首次商业生产日起的 3 年内，免征以下税款：
——最低包干税；
——税率为 10% 的房产税。

矿业装置是挖掘和加工矿物的固定资产。超过本条款指的 3 年外，具体的实施条款将确定单一土地税的实施方式。

第 177 条 所得税及其他税收

在开采阶段，开采证持有人应缴纳以下税收，但本法 175 条规定的免税优惠除外。

- 增值税，但不包括本法 167 条中矿业清单第一类设备物资进口的增值税。
- 工商业税和公司税，税率是 30%。
- 动产所得税，税率是 10%。
- 公司设立、资本增加、资本投资、利润或储备金合并或公司合并等事宜的登记税。
- 工资包干税。
- 非工资收入(RNS)预扣税。
- 工资预扣税。
- 现行税率的车辆统一税，其中不包括工地的车辆和机器。
- 根据情况，对职业培训的捐税或学徒税。
- 地方发展基金，见本法第 130 条。
- 固定税费和年税，见本法第 159-Ⅱ条。
- 面积税，见本法第 160 条。
- 挖掘除贵金属外的矿物税，见本法第 161 条。
- 贵金属工业化、半工业化生产税，见本法第 161-Ⅰ条。
- 除贵金属外的矿物出口税，见本法第 163 条。
- 宝石的出口税，见本法第 163-Ⅱ条。

进口的燃料、润滑油和其他石油制品需按照一般法律缴税。但在预算部确定的险恶内，它可享受退换增值税。

进口用于原矿石的挖掘和提纯以及用于加工成品或半成品矿石的重油可以免除增值税，其前提是这些重油被列在本法第 166 条规定的开采阶段矿业清单上，并且该清单在开采阶段之前已提交。

另外，根据环境法和执行条款，矿业开采证持有人需支付环境税费。

第 178 条 利润中可扣除缴税的部分

在开采阶段，开采证持有人以获得收入为目的的下列支出，可从计算工业和商业利润税和公司税的课税利润扣除：

- 各种杂费、员工和劳动力开支、企业租房的租金、办公地点和器械的维修保养费用。扩张或改造的费用不包括在内。
- 挖掘除贵金属外的矿物税费，见本法第 161 条。

- 贵金属工业化或半工业化生产税,见本法第161-Ⅰ条。
- 除贵金属外的矿物出口税,见本法第163条。
- 宝石、贵金属出口税,见本法第163-Ⅱ条
- 《税法总则》限制条件下的财政支出,只要这些费用符合企业费用扣除的一般条件,并且利率为贷款时的通用利率。
- 前几年的亏损,并符合《税法总则》相关条款。
- 企业实际产生的折旧。开采证持有人可按照《税法总则》实行递减折旧。
- 每年汇入修复矿业工地信用账户的资金,见本法第144条。
- 矿床恢复保证金,见本法第178条
- 地方发展资金,见本法第130条。
- 由于汇率浮动,导致兑换损失,并按照《税法总则》规定方式记录。

这些支出可从计算工业和商业利润税和公司税的课税利润扣除,但需满足税法总则第93条款的可扣除费用条件。

第178-Ⅰ条 矿床恢复保证金

在开采阶段的每个财政年度结束时,矿业开采证持有人应最多将应缴税利润的10%作为矿床恢复保证金。

如果该年度出现财政赤字,保证金的金额则为企业开采商品价值的0.5%。

此保证金可从用于计算工业和商业利润税和公司税的课税利润中扣除。

需对此保证金进行永久的会计登记,以确认此保证金来源年份。保证金须在收集两年后,用于购买探矿或挖掘的固定资产或在几内亚领土上将矿物加工为成品、半成品产品。

如该固定资产自购买后3年内没有转售,则用于购买此资产的保证金不需计入计算工业和商业利润税和公司税的课税利润。但此固定资产的价值将从用于购买此资产的准备金中扣除,并计算折旧。

准备金中未使用的部分必须纳入准备金收集后的第三个财政年度的收益中。但是如保证金用于购买本条款第四段规定之外的物资,则此保证金须计入课税利润中。

第178-Ⅱ条 开采阶段的关税

在矿业开采阶段,开采证持有人进口物资需按照法律缴纳关税。但是,开采阶段矿业清单上的物资可享受本法第179条和第180条规定的优惠关税税率。

- 进口环节税;
- 海关登记税;
- 共同体税
- 附加税

第179条 现场加工设备的关税

在开采阶段,开采证持有人需对以下物资缴纳5%的关税:

对于本法第167条规定的矿业清单上第一类的进口物资,也就是持有人或受益人不动产清单上的物资。这些物资用于现场加工成品或半成品矿物。

对于本法第167条规定的矿业清单上第三类的进口物资,也就是用于现场加工成品或半成品矿物

的消耗品,除了燃料、润滑剂和其他石油产品。

根据本法第 166 条,为享受 5% 的这一关税优惠,需在开采阶段之前,提交一份开采阶段的矿业清单。

但如果本法第 166 条规定的开采阶段矿业清单上有用于现场加工成品或半成品矿物的重油,并此清单在开采阶段之前已提交给相关部门,则可对此重油免除关税。

第 180 条 提炼设备的关税

在开采阶段,开采证持有人需对以下物资缴纳 6.5% 的关税:

对于本法第 167 条规定的矿业清单上第一类的进口物资,也就是持有人或受益人不动产清单上的物资。这些物资用于挖掘或粗矿浓缩。

对于本法第 167 条规定的矿业清单上第二类的进口物资,也就是用于挖掘或粗矿浓缩的原料和其他消耗品,除了燃料、润滑剂和其他石油产品。

根据本法第 166 条,为享受 6.5% 的这一关税优惠,需在开采阶段之前,提交一份该阶段的矿业清单。

如果本法 166 条定义的开采阶段矿业清单上有用于挖掘和粗矿浓缩的重油,并此清单在开采阶段之前已提交给相关部门,则可对此重油免除关税。

第九章 直接分包

第 181 条 直接分包的定义

第 181-Ⅰ 条 直接分包商的定义

根据本矿业法第 1 条款定义,直接分包商即直接向矿业证持有人交货或提供服务的分包商。该定义不涵盖直接分包商的下属分包商。

直接分包商的领域被严格限制为探矿工作,采矿设施建设以及开采工作,以上由本法第 168 条款限定。

第 181-Ⅱ 条 直接分包商的税务和海关制度

只有递交符合本法第 181-Ⅲ 条规定的矿单,矿业证持有人的直接分包商才能享受进口物资关税和税费的如下规定:

——在探矿证持有人进行探矿工作阶段时,参照本法第 171 条和第 172 条规定;
——在工业或半工业开采许证或矿业特许权持有人进行建设工作阶段时,参照本法第 173 条至第 174 条款规定;
——在工业或半工业开采许证或矿业特许权持有人进行开采工作阶段时,参照本法第 176 条和第 177 条,以及第 178 条和第 180 条规定。

第 181-Ⅲ 条 直接分包商义务

根据本法第 166 条和第 167 条规定,直接承包商须分阶段提前递交一份矿业清单,以明确设备、材料、机械以及耗材的类别。

在探矿证持有人进行探矿工作阶段时,关于直接分包商要求享受豁免进口税和税费的情况,适用于本法第 171 条；

在工业或半工业开采证或矿业特许权持有人进行建设工作阶段时，关于直接分包商要求享受豁免赋税、税费和进口税的情况，适用于本法第 173 条和第 174 条；

在探矿证持有人进行采矿工作阶段时，关于直接分包商要求享受降低关税税率的情况，适用于本法第 179 条和第 180 条。

本法第 167 条对矿业清单做出严格限定，且每个工作阶段均有本阶段的矿业清单。

在启动运作前，直接分包商递交的矿单须获得地矿部长及财政部长的批准。此矿业清单为矿业证持有公司表单中的一部分，且为特定部分。

为使矿业清单获得批准，分包商须在单内附加以下文件：

- 一份采矿证复印件；
- 一份具有负责人草签及签字的证明，此负责人为采矿许可证持有公司所任用，且被法律授权，此文件证明直接分包商递交的矿单与本条例规定的所有条件相符，包括受益于本法第 171 条和第 174 条规定的关税豁免，以及第 179 条和第 180 条规定的降低关税税率。

在支付所有税费以及可能有的相关处罚方面，直接承包商和雇佣直接分包商的采矿许可证持有公司共同承担责任。

第十章　开采税收壁垒

第 181-Ⅳ 条　软化的制度

根据本法第 168 条规定，在指定时间，持有同一证书，矿业证持有人不可享受不同活动阶段的税收优惠。

但是，按照本法规定，持有多个矿业证的法人，在不同的活动阶段，其每个矿业证均可获得税收优惠。

根据本法以及税法总则的通用法规，此法人被视为拥有每个采矿许可证的独立税务资格。除根据本法规定矿业证所必需的活动外，如果此法人从事第三活动，该活动同样被视为拥有其独立资格。每个与采矿许可证或第三活动有关的活动均须设立一个独立纳税识别号，并进行单独核算。

由此可见，持有不同税号的几项活动不能获得任何相同性质的税费补贴，特别是一个矿业证的支出不能从另一个矿业证的可征税利润扣除。

另一方面，同一法人、持有不同税号的两个活动间所有货物交付或服务提供均须开发票并根据卖家或服务提供人员税号评估应纳税产品的市场价格，扣除附有买家税号活动的税费。不过，这些货物交付或服务提供不被看作是增值税的运作需要。

根据市场价格概念，在相对最大竞争条件下，选定相应商业阶段的正常卖价。

当税务管理部门认为持不同税号的两项活动之间的服务或货物价格评估不能令人满意时，税务管理部门可以对上述价格进行指定评估，以证明其初始价格符合市场价格。

税法总则内所有关于矿业条例均适用。

第十一章　税收和关税的稳定政策

第 182 条　矿物开发政策的稳定

向已签订矿业协议的采矿证持有者提供稳定的税务和关税制度。

税务和关税制度的稳定期最长期限为 15 年。此稳定期从授予采矿证之日算起。

在稳定期,税费率不会有任何增长或降低。这些税率维持在授予矿业证授予之日的水平。另外,在此期间,任何新税或相关新条例不适用于矿业证持有者。

稳定税率涉及以下内容:
- 工商利润税和公司税;
- 地方发展贡献,参见本法第 130 条;
- 本条例定义的进口单一税。

只要相关条例改动指数,稳定税率和税基还会涉及以下内容:
- 稳定采矿税,除贵金属,详见本法第 161 条;
- 贵金属工业生产或半工业生产税,详见本法第 161-Ⅰ条;
- 稳定矿物出口税,除贵重矿物,详见本法第 163 条;
- 宝石类出口税,详见本法第 163-Ⅱ条。

稳定税率特别明确不包括本条例第 159-Ⅱ条和第 160 条所限定的固定税率,如年税、面积税以及国内消费税和环境税。

除开采税、生产税以及出口税以外,稳定税率不包括各税收的税基。但在稳定期,税基的所有变更,不适用于同一税种的所有纳税人,但影响矿业证持有人,此税基变更被视作区别对待,将不会对矿业证持有人产生约束力。

第 183 条　采矿场开发许可证等级的变更

当采石场的投入超过规定的数额,生产能力至少 50% 用于出口,或年开采超过 3 万 m³ 时,采矿场开采许可证持有人可向主管部门申请将其许可证视作工业开采或半工业开采许可证,并在建设和开采阶段时,享受税费和关税优惠,详见本法第五编第 8 章至第 11 章。

第十二章　外汇管理

第 184 条　开设外汇账户

矿产证持有人及其直接分包商应遵循几内亚共和国现行的外币兑换法规。他们必须将矿石出口产生的外币收入调入在国外一级银行开通的几内亚中央银行账户。

为此将与几内亚中央银行签订适当的银行协议,保证几内亚法郎的开支、外币账户的开通、境外的各类交易和借贷服务。其中境外交易包括采矿或采石作业所需商品和服务的外国供货商的付款。

第 185 条　转账担保

只要符合本法第 184 条规定,采矿证持有人可以自由向国外转移股息、资本收益,以及清算收益或资产变现。

但是,对不在几内亚常居的人从几内亚公司获得的收入需按照税法总则第 189 条规定的税率征收预扣税,以本法第 176 条规定的矿业领域 IRVM 优惠税率或税收协定中更优惠的税率为条件。此预扣税由发放此收入的几内亚公司承担。

居住在几内亚共和国境内且被矿产证或许可持有人雇佣的外国员工,应确保他们可以自由兑换货币、将全部或部分工资或其他形式的应付薪酬自由转移到原属国内,条件是他们已经按照本法和税收总则条款缴清所有税额。

第 186 条　进出口贵重品申报

进出口黄金须预先向几内亚央行申报。进出口宝石类须预先向国家鉴定办公室申报。

在任何情况下,此类进出口运作必须有海关总署代表在场。

第 187 条　会计准则和审计

几内亚共和国境内的矿产证或工业、半工业开采许可持有人必须具有与 SYSCOA 相符的会计制度。每个财政年度,几内亚的认证审计员将验证持证人的资产负债表及经营账户,并且在每个财政年度结束时向地矿部长和财政部长报告财政情况,不得超过下个财政年度的 4 月 30 日。

根据海关法、税法总则和纳税手续文书等其他所有适用文本条例,在共同法则期间,必须保持各会计文件和各类凭证。如国家授权人员要求,其可查验和核对这些文件,必须为国家授权人员的查验和核对工作提供方便。

但是,本条款的义务并不适用于手工开采。

第 188 条　国家承担的支出

如果国家在矿产证发放之前在证书批准范围内实施勘察工程,在独立审计员审计和评估之后,持证人将向矿业投资基金偿还相关的支出。这些支出的处理方式将在签署矿产协议或招标文件时确定。

然而,在基本地质学研究、基础地质制图学、策略性矿产勘探和其他必须在勘察许可证发放之前在证书规定的区域范围内发现矿产痕迹的相关国家支出不需偿还。

第 189 条　分期偿还

矿业证持有人可以如下选择:对于勘探阶段和建设阶段购入的不动产的分期偿还,可推迟到从开采初期开始。保留的分期付款时期是由税法总则第 101 条确定。

如推迟分期偿还国家的支出,则需要事先得到税收局长的统一,并提供以下文件:

- 矿业证持有人的会计专家提供的在勘探和建设阶段不动产购入审计报告复印件。
- 需要分期偿还的不动产的发票复印件。

第六编 矿产活动的行政和技术监督

第 190 条　行政和技术监督

工程师、官员和矿业部公务人员，尤其是服从矿业局和地质局监管的公务人员，在矿业部的监管下有责任监督本法及其执行条款的执行，以及对采矿场、采石场及它们附属场地的勘察、开采、加工等工程进行的行政和技术监督。

本条款涉及的这些工程师、公务员和官员有权为了维护建筑物和保护矿产证采取治安监督，对珍贵矿物自生产区至采购商行或出口边疆地带之间的销售流通进行长期监管。他们将协助开采人，指出开采活动的不足，给予改善的建议。

地矿部长的决议以及根据该部长下达的法令将制定某些采石工程或采矿工程布线遵守的特殊条例。

行政和技术监督的管理人员和官员必须具备由主管部门发放的具有时间限制的任务令或者他们由官方指派按照地矿部长签署的文书履行职能。

卫生领域和环境领域将由国家矿业局和 CEISE 共同监测和监督。也可能偶然突击进行以下活动：

——确保本法第 218 条指定的《卫生调节方案》的实际执行；

——评估上述建议的实施程度和合格性；

——如有必要，修改《卫生调节方案》；

——制定会议纪要，提交给主管部门。主管部门将评定建议的实施程度。

第 191 条　财政监督

矿务主管部门的管理人员及官员，尤其是财政审查机关的管理人员及官员，被授权可访问任何文件，可查阅金融账户及矿产证或采石证持有人获得或制作的证明材料。同样，矿产证或采石场开放证的持有人必须定期向行政部门提交采矿和采石作业在几内亚共和国境内和境外调拨资金的所有信息。

财政监督的管理人员及官员同样应具备本法第 190 条规定的任务令。

第 192 条　产品的质量和数量检验

出口矿产资源及矿产公司进口石油产品的数量和质量必须由矿业部主管部门和计量标准化学院共同严格检验。

出口矿产品或运送石油产品的任何船舶必须接受技术检验。由国家主管部门评估后证实是否存在误差。

第 193 条　地质和矿产文献的保存

矿产工程师以及服从于地质信息与文献部门的公务员和官员将负责制作、更新、保存和发行矿物或化石相关的文献资料。

第七编 地球物理和工程地质相关的采掘和测绘的申报

第一章 地球物理和工程地质相关的采掘和测绘的申报

第 194 条 申报义务

除了家用水井外，无论出于何种目的而从事钻探、地下工程、挖方的自然人或法人，只要深度超过 10m，就必须向国家矿业局申报，并且能够说明理由。

矿石或采石勘察工程或开采工程的开放或结束、地球物理测绘、地质工学研究、地球化学勘探或重矿石研究同样必须预先向国家矿业局申报。应在工程或活动开始前一个月、结束前三个月提出申辩。采用的开采方法、工程范围和施工计划若发生重大变化，也必须提前一个月申报。

第 195 条 提供信息的保密性

根据上面第 194 条中提到的文件和信息不能由矿业行政部门公开或告知第三方，除非在获得这些文件和信息后 3 年内获得工程发起人的批准。

作为上述规定的例外情况，在河床上施工的工程，航海安全相关的信息为公共信息。

第 196 条 访问权

矿业主管部门及地质主管部门有权在施工期间或之后访问所有的钻探、地下工程和挖方工程，无论这些工程的施工深度是多少。这些部门还应提交所有样本，传达地质学、地质工学、水力学、水文地理学、地形测量学、化学、矿产或商业相关的文件和资料。

第 197 条 发现并上报情报

矿产证或采石证的持有人必须立即告知矿业促进和发展中心他们发现的所有矿物，无论这些矿物是否在证书的涵盖范围之内。

上报给矿业促进和发展中心的矿物信息如本法第四编第四章所述，必须保密。

矿产证或采石证的持有人必须向地质与矿产信息文献部门上报地质学、地形测量学、矿产等信息以及他们在施工期间在证书批准范围内收集的信息。

若矿产证或采石证的持有人由于催告之后拒绝上报或上报的勘察结果有误等原因未履行上报义务，则必须支付赔偿金和/或被撤销矿产证或采石证。赔偿金由独立鉴定人根据造成的损害评估。

第 198 条 国家矿产实验室样品分析义务

矿产证或采石证的持有人必须向国家地质实验室提交来自地质勘查和矿产勘察的样本，以及出口矿产品的样本。

参考的品位和质量由国家地质实验室决定。如有异议，则由第三方实验室决定。

但是经国家矿业实验室主任的批准，矿产证持有人可以在实验室无法定能力的时候在几内亚境外进行样本分析。分析的结果将上报实验室。

这些分析的对象既包括发放证书的矿物，也包括证书所属群体的其他矿物。

第 199 条 危险及事故

采矿场、采石场或它们的附属场地内部发生的任何意外必须在 72 小时内告知国家矿业局及其地区代表人。

采矿场、采石场或它们的附属场地内部发生的任何重大或致命意外必须由持证人在 24 小时内告知国家矿业局、其地区代表人、行政部门和司法部门。

发生意外的情况下，主管部门在劳工总检察机关代表人和国家矿业局代表人的陪同下确认意外之前或者矿业局代表作出批准之前，禁止改变发生意外的地点状态、移动或改变位于该地点的物件。

但是，该禁制令不适用于救生工程或紧急加固施工。

持证人必须遵守下达的禁令，预防或消除施工可能对公共安全、未成年工人卫生、采矿场或采石场或临近采石场的保存、水源的保护和公共道路的维护所造成的危害。

紧急情况下或当事人拒绝遵守这些禁令，国家矿业局或具有法定资质的官员将采取必要措施，实施的费用由当事人承担。

如果危难逼近，国家矿业局或具有法定资质的官员将立即采取必要措施消除危险，并且向地区主管部门提出有效的请求。一项执行条款将详细说明这些措施。

第 200 条　竣工

采矿场或采石场的开采人若停止开采仍然存在可收回储藏量的矿层，则必须使该矿层的状态可以合理回收开采物。否则，国家矿业局将正式进行必要施工，相关费用由开采人支付。

第八编　处罚条款

第 201 条　争议

本法实施的行政条款所引发的所有争议将提交国家法院。

第 202 条　国家矿业总局的报告

若有关矿产证或采石证范围占用的个人之间的争议提交法院,国家矿业局的报告可以替代专家报告。

第 203 条　公诉

根据刑事诉讼法第 1 条和第 13 条,对于违反本法及其执行条款的犯罪行为,国家矿业局监管下的矿产工程师、其他公务员和宣誓官员有权提出公共诉讼。

第 204 条　违法认定及纪要

违反本法及其执行条款规定的犯罪行为由法警警官、国家矿业局宣誓官员和所有其他为此选派的特殊官员证实。

按照本条款批准的这些人员所制定的会议纪要在提出反面证据之前为主要证据。

第 205 条　扣押、起诉、搜查和检查

司法警察,国家矿业局宣誓官员及其他特别官员在需要时可以按照《刑事诉讼法典》的规定进行调查、起诉扣押及搜查。

第 206 条　伪造行为

无论谁有以下行为,都将受到两个月到三年的监禁并处以 15 000 000～25 000 000 几内亚法郎的罚款,或者是其中一项处罚:

- 伪造注册矿业证或者许可证;
- 为非法获得矿业证或许可证,伪造申报单;
- 非法破坏,调换或者修改矿业证和许可证规定区域的界碑。

如果再犯,将受三倍罚金和两倍的监禁。

第 207 条　无证开矿

无矿权证、许可证或在证书批准范围之外从事采矿场或采石场的勘探或开采活动的任何人,或者使用勘探许可证从事开采活动的任何人,将处以 2 个月到 3 年的监禁及 10 000 000～15 000 000 几内亚法郎的罚款,或其中之一的惩罚。

如果开采的是钻石或其他宝石,上述罚金将是 20 000 000～30 000 000 几内亚法郎。

这些刑罚允许国家扣押欺诈性开采的产品以及该开采活动使用的工具。

如果再犯,将承受三倍罚金和两倍的监禁。

第 208 条　申报错误

以下行为将处以 7 500 000～15 000 000 几内亚法郎的罚款:

- 对矿业部、地质部及国家矿业局的不实上报;
- 未对矿业部或国家矿业局上报;

- 阻碍国家矿业局行使本法授予的权利。

如果再犯,将承受三倍罚金和两倍的监禁。

第209条 对保护区和安全区的侵害

任何人违反本法第110、111、112和113条中的规定,都将被处以15天至6个月的监禁和2 500 000～10 000 000几内亚法郎的罚款,或者两项处罚中的一项。

如果再犯,将承受三倍罚金和两倍的监禁。

第210条 破坏、毁坏及突击行为

矿业公司及其分包商应享有必要的安全保障,正确实施他们的活动,顺利履行他们的义务。

在不影响《刑罚》条款的情况下,以破坏、催化或其他突击为目的的个人行为或集体行为,将按照《民法》条款对矿产公司及其直接分包商的工作人员、资产和其他动产或不动产造成的直接损害承担民事责任。

如果是累犯,罚金将为三倍,有期徒刑的期限为两倍。

第211条 其他违法行为

在不影响刑法执行的情况下,违反以下行为将处以15天至6个月的监禁和5 000 000～15 000 000几内亚法郎的罚款:
- 放射性矿物;
- 危险和风险以及工作的卫生和安全。

如果再犯,将承受三倍罚金和两倍的监禁。

第212条 非法占有贵重材料

除了在上面第62条中列举的那些人外,其他任何人被发现占有粗钻和其他未加工宝石将被处以6个月到2年的监禁和查获物品价值两倍的罚款,但罚款不低于20 000 000几内亚法郎。或处以两项处罚中的一项。

如果再犯,若不影响3～5年停留的禁令,刑罚将变为两倍。

这些刑罚允许国家扣押钻石或宝石以及用于运输的工具

第213条 违反本法中支付贿赂酬金的相关条款

违反本法中禁止支付贿赂酬金的条款将构成《刑罚》第194条和第195条分别规定的主动贪污或渎职,将按照《刑罚》处以罚款和监禁。

被视为支付贿赂酬金的任何法人将处以民事罚款。罚款金额最高为判决前一年营业额的5%或者未犯罪当年营业额的5%,将采用其中最高的金额作为罚金。即使在执行《刑罚》规定的其他罚款处罚,仍必须执行该罚款。

第214条 罚款金额

当几内亚经济状况发生显著变化时,本法第207、208、209、211条规定的罚款金额可以由地矿部长和财政部长共同决议。

第215条 其他法则规定的刑罚

即使存在本法规定的刑罚并且执行本法第7条,但是明文规定《刑罚》《劳工法》和《环境法》规定的

刑罚仍可以执行。

第 216 条 处罚条例的更新和公布

本法规定的罚款的金额可以由地矿部长和财政部部长共同决议。该金额应反映出几内亚共和国财政情况和经济情况的改变。

本法规定罚款的结算必须在官方公报和矿业部官方网站或其他地矿部长指定的网站上公布。

第九编 其他过渡性条款及最终条款

第 217 条　过渡条款

第 217-Ⅰ条　适用于之前签署和批准的采矿协定的规章制度

在本法生效前的矿业证,本法规不对其产权和有效性提出质疑。

本法规及其所有条款完全适用于不受采矿公约保护的矿业证和许可证的所有人。

对于严格遵守当时矿业法而签署的矿业协议的所有人,现行法规的条例的执行应通过现行协议的修正案,以附加条款的形式。但必须得到部长会议通过,地矿部长签署,并收到最高法院的法律通告和国民议会的批准,其才有法律效力并生效。

为保证现行法规条款执行,修改条款将包括确定协议的具体方式的修正案。修正案将分为3个等级:

- 修正案与现行法规安全完全相一致,并立即执行。
- 修正案与现行法律的条款完全相一致,并逐渐执行,期限可商谈,但不能超过 8 年。这些修正案与培训、就业和几内亚企业的偏好有关。
- 其他所有的修正案,尤其是那些涉及税收和关税政策,对矿企资本的国家参股,国家在运输和产品出售的权力修正案。它们将通过矿业协议持有人和政府谈判确定。

自矿业基础协议附加条款批准之日起,修正案适用于之后的所有矿业活动。基础矿业协议的术语适用到每个附加条款批准之日。

政府和上述矿业协定的持有人间的谈判在矿业证和协定的整体计划下进行,该计划由依法成立的战略委员会和技术委员会创立。谈判需考虑国家的现存矿业权利和义务,每个矿业证授予的特殊情况,其他特殊性和为确保项目可行性和开采持久的恰当背景。

为在本修正案颁布后最迟 24 个月内,各方均接受和签署此修正案,所有相关矿业公司需与此计划完全合作。该期限未包括议会协商修正案批准过程的额外时间。

在 24 个月的期限结束后,如果没有一个附加条款被矿业协定持有人签署,各方将开会评估共识和分歧,并在最短的时期,达成互相可接受并符合项目或矿业开采经济性的附加条款。

第 217-Ⅱ条　矿业协议和矿权证的发布

所有的矿权证及矿业协议都将在官方公报和地矿部官方网站上或其他地矿部长指定的网站公布。矿业协议中禁止公布该协议的保密条款均完全无效。

第 218 条　健康方面的过渡性条款

本法生效之日的现有矿产证书必须在获得主管部门批准之前且在 6 个月内获得由健康与环境影响评估委员会或相当的机构检验批准的卫生调节方案。

第 219 条　解决争议

单个或多个矿产投资人与国家之间有关他们权利义务的范围、证书满期时是否履行义务、转让等问题的争议所产生的权利转移或出租可以通过友好协商解决。

如果其中一方认为无法友好解决,该争议将提交几内亚法院、国家或国际仲裁机构。

其他情况下,本法解释和执行过程中产生的争议应提交给几内亚法院审理。

第 220 条　先前法规的废除

除了本法第 217 条,所有违背本法规定的条款将被废除,尤其是 1995 年 6 月 30 日有关几内亚共和国《矿产法》的 L/95/036/CTRN 法律、1993 年 6 月 10 日有关手工业开采以及钻石和其他宝石销售的 L/93/025/CTRN 法律。

第 221 条　在官方公报上公布

本法将在几内亚共和国的官方公报上登记和公布，作为国家法律实施。

几内亚矿产法（第 L/2011/006/CNT 号法律）由几内亚共和国国家过渡委员会 2011 年 9 月 9 日通过。

2013 年 4 月 8 日，国家过渡委员会对部分章节进行了修订（L/2013/053 号法律）。

附录2　几内亚环保法法文版

几内亚环保法(法文版)

CODE DE LA PROTECTION ET DE LAMISE EN VALEUR DE L'ENVIRONNEMENT

Ordonnances N°045/PRG/87 et N°022/PRG/89

Avertissement : La présente copie du Code de Protection et de la Mise en valeur de l'Environnement est une copie de travail préparée dans le cadre de la mise en place du site web de la Direction Nationale de l'Environnement, en collaboration avec Guinée Ecologie. Pour toute citation légale il faut se référer à l'original des ordonnances publiées dans le Journal Officiel de la République que l'on peut se procurer auprès du Secrétariat Général du Gouvernement.

Il faut aussi noter que les Eaux et Forêts et les Transports ne relèvent plus de Secrétariat d'Etat comme c'était le cas, mais font plutôt partie de Ministères.

La présente version a intégré les modifications apportées à l'Ordonnance N°045/PRG/87 par l'Ordonnance N°022/PRG/89.

TITRE PREMIER
Dispositions Générales
CHAPITRE I
Principes fondamentaux et définitions

ARTICLE 1: Le présent code a pour objet d'établir les principes fondamentaux destinés à gérer et à protéger l'environnement contre toutes les formes de dégradation, afin de protéger et valoriser l'exploitation des ressources naturelles, lutter contre les différentes pollutions et nuisances et améliorer les conditions de vie du citoyen, dans les respect de l'équilibre de ses relations avec le milieu ambiant.

ARTICLE 2: Aux fins du présent Code, on entend par " environnement ", l'ensemble des éléments naturels et artificiels ainsi que des facteurs économiques, sociaux et culturels qui favorisent l'existence, la transformation et le développement du milieu, des organismes vivants et des activités humaines.

L'équilibre écologique représente le rapport relativement stable créé progressivement au cours du temps entre les différents groupes végétaux, d'animaux et de micro-organismes ainsi que leur interaction avec les conditions du milieu dans le quel ils vivent.

ARTICLE 3: Aux fins du présent Code, on entend par:

1) " Pollution ": toute contamination ou modification directe ou indirecte de l'environnement provoquée par tout acte et susceptible:

i) d'affecter défavorablement une utilisation du milieu profitable à l'homme,

ii) de provoquer ou de risquer de provoquer une situation préjudiciable pour la santé, la sécurité, le bien-être de l'homme, de la flore et de la faune, ou les biens collectifs et individuels.

3) " Polluant " tout rejet solide, liquide ou gazeux, tout déchet, odeur, chaleur, son, vibration, rayonnement susceptible de provoquer une pollution.

4) " Installation ": toute source fixe susceptible d'être génératrice d'atteinte à l'environnement, quels que soient son propriétaire ou sa destination.

ARTICLE 4: L'environnement guinéen constitue un patrimoine naturel, partie intégrante du patrimoine universel. Sa conservation, le maintien des ressources qu'il offre à la vie de l'homme, la prévention ou la limitation des activités susceptibles de dégrader ou de porter atteinte à la santé des personnes et à leurs biens sont d'intérêt général.

ARTICLE 5: La protection et la mise en valeur de l'environnement sont parties intégrantes de la stratégie nationale de développement économique, social et culturel. Les plans de développement mis en place par l'administration s'appliquent à tenir compte les impératifs de protection et de mise en valeur de l'environnement guinéen.

ARTICLE 6: La définition de la Politique nationale de l'environnement incombe au Gouvernement, sur proposition du Ministre chargé de l'Environnement et du Conseil National de l'Environnement.

ARTICLE 7: Les organismes publics et privés ayant en charge l'enseignement, la recherche ou l'information sont tenus, dans le cadre de leur compétence afin de sensibiliser l'ensemble de leurs citoyens aux problèmes d'environnement:

- d'intégrer dans leurs activités des programmes permettant d'assurer une meilleure connaissance de l'environnement guinéen;

- de favoriser la diffusion de programme d'éducation et de formation aux problèmes de l'environnement.

Les associations oeuvrant dans le domaine d'environnement peuvent, à la discrétion de l'administration, être reconnues d'utilité publique et bénéficier des avantages propres à ce statut.

ARTICLE 8: Aux fins d'assurer l'application des dispositions du présent code et de ses textes d'application, des textes réglementaires fixent les normes indispensables au maintien de la qualité de l'environnement.

Les normes visées à l'alinéa précédent sont fixées en tenant compte notamment:

- des données scientifiques les plus récentes en la matière;

- de l'état du milieu récepteur;

- de la capacité d'auto-épuration de l'eau, de l'air et du sol;

- des impératifs du développement économique et social national,

- des contraintes de rentabilité financière de chaque secteur concerné.

Les normes de qualité de l'environnement ainsi fixées par arrêté de l'autorité ministérielle chargée de l'Environnement peuvent être soit à portée nationale, soit à porter sectorielle lorsque certains secteurs ou zones sensibles impliquent pour leur protection des normes de qualité plus contraignantes.

CHAPITRE II
Structures administratives de l'Environnement

ARTICLE 9: La mise en oeuvre de la Politique nationale de protection et de mise en en valeur de l'environnement est assurée par l'autorité ministérielle chargée de l'environnement dans les termes fixés par le décret n°007/PRG/86 du 19 Mars fixant les attributions et l'organisation du Ministère des Ressources Naturelles, de l'Energie et de l'Environnement et du décret n°008/PRG/du 19 Mars 1986 fixant les attributions et l'organisation du Secrétariat d'Etat du Ministère des Ressources Naturelles, de l'Energie et de l'Environnement chargé des Eaux et Forêts.

ARTICLE 10: Il est créé un Conseil National de l'Environnement aux fins d'assister l'autorité ministérielle chargée de l'environnement dans sa préparation d'une Politique nationale de l'environnement et aux fins de coordonner et faciliter par une activité consultative l'action gouvernementale en la matière.

Un décret d'application du présent code fixe la composition et le détail des missions du Conseil National de l'Environnement.

ARTICLE 11: Les projets d'ordonnance, de décrets, d'arrêtés ou circulaires intéressant directement ou indirectement l'environnement, tel que décrit à l'article 2 du présent code, sont transmis pour avis à l'autorité ministérielle chargée de l'environnement.

Le silence observé par cette dernière durant une période de deux mois à compter de la date de transmission du projet de texte vaut approbation sans réserve de celui. Une procédure d'urgence réduisant le délai à quinze jours peut être engagée à la demande de l'autorité ministérielle auteur du projet.

Si l'autorité ministérielle autour du projet de texte ne se croit pas en mesure d'accepter l'avis de l'autorité ministérielle chargée de l'environnement elle saisit de la question le Conseil des Ministres en tranchera.

ARTICLE 12: Les dispositions de l'article 11 du présent code ne sont pas applicables aux mesures susceptibles d'être prises en cas de catastrophes naturelles ou accidentelles entraînant d'importantes nuisances, d'épidémies, etc. dans le cadre de l'état d'urgence décrété en Conseil des Ministres.

ARTICLE 13: Il est institué un service de l'environnement, placé sous l'autorité ministérielle chargée de l'environnement, dont le niveau hiérarchique, l'organisation et les missions sont fixés par arrêté de la dite autorité ministérielle.

ARTICLE 14: Hormis les dispositions propres aux articles 10 et 13 ci-dessus, l'autorité ministérielle chargée de l'environnement met en place tout organe jugé nécessaire à la mise en oeuvre du présent code.

Elle suscite et facilite la création et le fonctionnement d'associations de protection et de mise en valeur de l'environnement tant au niveau national que local. Elle peut les associer dans les limites fixées par la réglementation en vigueur, aux actions et manifestations entreprises par son département notamment en matière de formation et d'information des citoyens.

TITRE 2
Protection et mise en valeur des milieux récepteurs
CHAPITRE I
Le Sol et le Sous-sol

ARTICLE 15: Le sol, le sous-sol et les richesses qu'ils contiennent sont protégés, en tant que ressources limitées renouvelables ou non , contre toute forme de dégradation et gérés de manière rationnelle.

ARTICLE 16: L'utilisation des feux de brousse à usage agricole ou pastoral est soumise à l'autorisation préalable de l'autorité locale compétente, laquelle peut soit les interdire, soit fixer toutes les dispositions de l'alinéas précédent.

ARTICLE 17: Un Décret d'application du présent code fixera des mesures particulières de protection afin de lutter contre la désertification, l'érosion, les pertes de terres arables et la pollution du sol et de ses ressources, notamment par les produits chimiques, les pesticides et les engrais.

ARTICLE 18: Auprès de l'autorité ministérielle chargée de l'environnement, le Ministère chargé du Développement Rural dresse la liste des engrais, pesticides et autres substances chimiques dont l'utilisation est autorisée ou favorisée à l'occasion des travaux agricoles. Il détermine également les quantités autorisées et les modalités d'utilisation afin que les dites substances ne portent pas atteinte à la qualité du sol ou des autres milieux récepteurs, à l'équilibre écologique et à la santé de l'homme.

ARTICLE 19: Sont soumis à autorisation préalable conjointe du Ministère concerné et à l'autorité ministérielle chargée de l'environnement l'affectation et l'aménagement du sol à des fins agricoles, industrielles, urbaines ou autres, ainsi que les travaux de recherches ou d'exploitation des ressources du sous-sol susceptibles de porter atteinte à l'environnement guinéen dans les cas prévus par les textes d'application du présent code. Les dits textes fixent les conditions de délivrance de l'autorisation ainsi que la nomenclature des activités ou usages qui, en raison des dangers qu'ils présentent pour le sol, le sous-sol ou leurs ressources, doivent être interdits ou soumis à des sujétions particulières fixées par l'administration.

ARTICLE 20: En application de l'article 121 de l'ordonnance n°076/PRG du 21 mars 1986 portant code minier de la République de Guinée, le plan de remise en état à des fins agricoles ou de reboisement incombant au titulaire d'un titre minier de carrière doit être préalablement et conjointement approuvé par le Ministre chargé des Mines et l'autorité ministérielle chargée de l'Environnement.

L'exécution d'office prévue à l'alinéa 2 de l'article 121 du code minier est réalisée à l'initiative du Service Environnement institué à l'article 13 du présent code, en collaboration avec la Direction Générale des Mines et de la Géologie et tout autre service administratif concerné.

CHAPITRE II
Les eaux continentales

ARTICLE 21: au sens du présent code, les eaux continentales sont constituées des eaux de surface et des eaux souterraines.

ARTICLE 22: Les eaux continentales, facteur fondamental du développement économique et social de la République de Guinée, constituent un bien public dont l'utilisation, la gestion et la protection sont soumises aux dispositions réglementaires et législatives.

ARTICLE 23: La fonction de coordination de la gestion des ressources en eau telle que prévue à l'article 3 de la loi n°036/AL/81 est assurée par la commission du Conseil national de l'Environnement chargée des milieux récepteurs dans les conditions fixées par le décret.

ARTICLE 24: L'administration chargée de la gestion des ressources en eau dresse un inventaire établissant le degré de pollution des eaux continentales en fonction des critères physiques, chimiques, biologiques et bactériologiques. Cet inventaire est révisé périodiquement ou chaque fois qu'une pollution exceptionnelle affecte l'état de ces eaux.

ARTICLE 25: Les travaux de prélèvement d'eau destinée à la consommation humaine font l'objet d'une déclaration d'intérêt public susmentionnée peut établir autour du ou des points de prélèvement des périmètres de protection à l'intérieur desquels sont interdits ou réglementés toutes activités susceptibles de nuire à la qualité de ces eaux.

Un arrêté du Ministre chargée de la gestion des ressources en eau détermine pour les activités et installations existantes antérieurement à la déclaration d'intérêt public les délais dans lesquels il doit être satisfait à la réglementation stipulée à l'alinéa précédent.

ARTICLE 26: UN décret pris sur rapport conjoint des Ministres chargés de la Santé publique et de l'Environnement définit les critères physiques, chimiques, biologiques et bactériologiques auxquels les prises d'eau assurant l'alimentation humaine doivent répondre, de même l'eau issue du réseau de distribution au stade de la consommation.

ARTICLE 27: Sont interdits sous réserve des dispositions de l'article 31, les déversements, écoulements, rejets, dépôts directs et indirects de toute nature susceptibles de provoquer ou d'accroître la pollution des eaux continentales guinéennes.

ARTICLE 28: Nonobstant les dispositions de la réglementation en vigueur, les propriétaires ou les exploitants d'installations rejetant des eaux résiduaires dans les eaux continentales guinéennes antérieurement à la promulgation du présent code doivent prendre toutes les dispositions pour satisfaire, dans les délais prévus à l'article 66 à compter de la dite promulgations aux conditions imposées à leurs effluents par le service de l'environnement.

ARTICLE 29: Les installations rejetant des eaux résiduaires dans les eaux continentales guinéennes établies postérieurement à la promulgation du présent code doivent, dès leur mise en fonctionnement, être conformes aux normes de rejet fixées par le service de l'environnement.

Le rejet d'effluents de ces installations est subordonné:

- à une approbation préalable, par l'autorité ministérielle chargée de l'environnement, des dispositifs d'épuration prévus pour supprimer toute pollution potentielle;

- à une autorisation de mise en service délivrée par l'autorité ministérielle chargée de l'environnement après le constat par celle-ci de l'existence et du fonctionnement satisfaisant des dispositifs d'épuration.

ARTICLE 30: Le déversement d'eau résiduaire dans les réseaux d'assainissement public ne doit nuire ni à la conservation des ouvrages, ni à la gestion de ces réseaux sous peine sous peine d'interdiction assortie de sanctions.

ARTICLE 31: L'autorité ministérielle chargée de l'environnement fixera la liste des substances nocives ou dangereuses dont le rejet, le déversement, le dépôt, l'immersion ou l'introduction de manière directe ou indirecte dans les eaux continentales guinéennes doivent être soit interdits soit soumis à autorisation préalable du service de l'environnement.

CHAPITRE III
Les eaux maritimes et leurs ressources

ARTICLE 32: Aux fins du présent code, on entend par pollution marine l'introduction directe ou indirecte par l'homme de substances ou d'énergie dans le milieu marin lorsqu'elle a ou peut avoir des effets nuisibles tel que dommage aux ressources biologiques, à la faune et à la flore marine et aux valeurs d'agrément, provoquer des risques pour la santé de l'homme ou constituer une entrave aux activités maritimes, y compris la pêche et les autres utilisations légitimes de la mer ou une altération de la qualité de l'eau de mer du point de vue de son utilisation.

ARTICLE 33: Sous réserve des stipulations de l'article 34 et nonobstant les dispositions des conventions internationales portant prévention et répression de la pollution marine ratifiées par la République de Guinée, sont interdits le déversement, l'immersion et l'incinération dans les eaux maritimes sous juridiction guinéenne de substances de toute nature susceptibles:

- de porter atteinte à la santé de l'homme et aux ressources maritimes biologiques;

- de nuire aux activités maritimes, y compris la navigation et la pêche;

- de dégrader les valeurs d'agréments et le potentiel touristique de la mer et du littoral.

Un décret fixe, en tant que besoin, la liste de ces substances.

ARTICLE 34: Les interdictions visées à l'alinéa 33 ne sont pas applicables:

- aux substances déversées en mer dans le cadre d'opération de lutte contre la pollution marine par les hydrocarbures menées par les autorités guinéennes compétentes ou par toute personne habilitée à ces dernières.

- aux déversements effectués en cas de force majeure lorsque la sécurité d'un navire ou de ses occupants est gravement menacée.

ARTICLE 35: Les opérations de déversement, d'immersion ou d'incinération dans les eaux maritimes guinéennes de substances ou matériaux non visés dans la liste prévue en application de l'article 33 ne peuvent être effectuées qu'après obtention d'une autorisation délivrée par le service d l'environnement précisant le lieu et les modalités techniques de l'opération.

ARTICLE 36: Dans le cas d'avaries ou d'accidents survenus dans les eaux maritimes sous juridictions guinéennes à tout navire, aéronef, engin ou plate-forme transportant ou ayant à son bord des hydrocarbures ou des substances nocives ou dangereuses et pouvant créer un danger grave et imminent au milieu marin guinéen et à ses intérêts connexes, le propriétaire ou le capitaine dudit navire, aéronef ou engin peut-être en demeure par le service de l'environnement, après avis de la Direction de la Marine Marchande, de prendre toutes les mesures nécessaires pour mettre fin à ces dangers.

Lorsque cette mise en demeure sans effet ou n'a pas produit les effets attendus dans le délai imparti, ou d'office en cas d'urgence, l'autorité ministérielle chargée de l'environnement peut faire exécuter les mesures nécessaires aux frais du propriétaire ou e recouvrir le montant du coût auprès de ce dernier.

ARTICLE 37: Le capitaine ou le responsable de tout navire, aéronef ou engin transportant ou ayant à son bord des hydrocarbures ou des substances nocives ou dangereuses et se trouvant dans les eaux maritimes sous juridiction guinéenne, à l'obligation de signaler par tout moyen aux autorités maritimes guinéennes tout événement de mer survenu à son bord et qui est ou paraît être de nature à constituer une menace pour le milieu marin guinéen et ses intérêts connexes.

ARTICLES 38: Un décret pris en application du présent code arrête les dispositions nécessaires pour prévenir et combattre la pollution marine en provenance des navires et des installations sises en mer et sur terre.

ARTICLE 39: Aucune occupation, exploitation, construction, établissement de quelque nature que ce soit ne peut être formé sur le rivage de la mer et sur toute l'étendue du domaine public maritime sans autorisation spéciale du Ministre chargée de l'Urbanisme et de l'Equipement prise après avis de l'autorité ministérielle chargée de l'environnement. Ladite autorisation n'est accordée que pour l'accomplissement d'activités d'intérêt général propres à favoriser le développement économique national. Elle ne doit pas entraver le libre accès au domaine public maritime ni la libre circulation sur la grève.

CHAPITRE IV

L'air

ARTICLE 40 : Au sens du présent code , on entend par air la couche atmosphérique qui enveloppe la surface terrestre et dont la modification physique , chimique ou autre peut porter atteinte aux êtres vivants , aux écosystèmes et à l'environnement en général .

On entend par pollution atmosphérique ou pollution de l'air l'emission dans la couche atmosphérique de gaz , de fumées ou de substances de nature à incommoder la pollution , à compromettre la santé ou la sécurité publique ou à nuire à la production agricole , à la conservation des constructions et monuments ou au caractère des sites .

ARTICLE 41: Il est interdit :

- de porter atteinte à la qualité de l'air ou de provoquer toute forme de modification de ses caractéristiques susceptibles d'entraîner un effet nuisible pour la santé publique ou les biens;

- d'émettre dans l'air toute substance polluante et notamment les fumées , poussières ou gaz toxiques , corrosifs ou radioactifs , au delà des limites fixées par les textes d'application du présent code

ARTICLE 42: Afin d'éviter la pollution atmosphérique , les immeubles , établissements agricoles , industriels ,commerciaux ou artisanaux , véhicules ou autres objets mobiliers possédés , exploités ou utilisés de manière à satisfaire aux normes techniques en vigueur ou prises en application du présent code .

ARTICLE 43: Lorsque les personnes responsables d'émission polluantes dans l'atmosphère au delà des normes fixées par l'administration n'ont pas pris de dispositions pour être en conformité avec la réglementation , le service de l'environnement leur adresse une mise en demeure à cette fin.

Si cette mise en demeure reste sans effet ou n'a pas produit les effets attendus dans le délai imparti ou d'office , en cas d'urgence , l'autorité ministérielle chargée de l'environnement peut , après consultation du Ministre concerné , suspendre le fonctionnement de l'installation en cause ou faire exécuter les mesures nécessaires aux frais du propriétaire ou en recouvrir le montant du coût auprès de ce dernier .

TITRE 3
Protection et mise en valeur du milieu naturel et de l'environnement humain

CHAPITRE I
Les établissements humains

ARTICLE 44 : Au sens du présent code , on entend par établissements humains l'ensemble des agglomérations urbaines et rurales , quels que soient leur type et leur taille et l'ensemble des infrastructures dont elles doivent disposer pour assurer à leurs habitants une existence saine et décente.

ARTICLE 45: La protection , la conservation et la valorisation du patrimoine culturel et architectural sont d'intérêt national .Elles sont parties intégrantes de la politique nationale de protection et de mise en valeur de l'environnement .

ARTICLE 46 : Les plans d'urbanisme prennent en compte les impératifs de protection de l'environnement dans les choix d'emplacement et la réalisation des zones d'activités économiques, de résidence et de loisirs.

Les agglomérations urbaines doivent comporter des terrains à usage récréatif et des zones d'espace vert , selon une proportion harmonieuse fixée par les documents d'urbanisme, compte tenu notamment des superficies disponibles du coefficient d'occupation du sol et de la population résidentielle .

ARTICLE 47 :Avant leur délivrance , les permis de construire sont communiqués pour avis au service de l'environnement. Ils sont délivrés en tenant dûment compte de la présence des établissements classés et de leur impact sur l'environnement et peuvent être refusés ou soumis à des prescriptions spéciales élaborées par le service de l'environnement si les constructions envisagées sont de nature à avoir des conséquences dommageables pour l'environnement .

CHAPITRE II
La faune et la flore

ARTICLE 48: La faune et la flore doivent être protégées et régénérées au moyen d'une gestion rationnelle en vue de préserver les espèces et le patrimoine génétiques et d'assurer l'équilibre écologique.

ARTICLE 49 : Est interdit ou soumise à autorisation préalable de l'administration , conformément aux dispositions législatives et réglementaires , toutes activités susceptible de porter atteinte aux espèces animales , végétales ou à leur milieux naturels .

ARTICLE 50: Un décret d'application du présent code fixe notamment :

- la liste des espèces animales et végétales qui doivent bénéficier d'une protection particulière et les modalités d'application de cette dernière ,

- les interdictions permanentes ou temporaires édictées en vue de permettre la préservation des espèces menacées , rares ou en voie de disparition ainsi que leur milieu ,

- les conditions de l'introduction , quelle qu'en soit l'origine , de toute espèce pouvant porter atteinte aux espèces protégées ou à leurs milieux particuliers ,

- les conditions de délivrance d'autorisation de capture à des fins scientifiques d'animaux ou de végétaux protégés par la réglementation guinéenne, ainsi que les conditions de leur exportation éventuelle .

ARTICLE 51:L'exploitation sur le territoire national d'établissements d'élevage , de vente , de location , de transit d'animaux d'espèces non domestiques , ainsi que l'exploitation des établissements destinés à la présentation au public de spécimens vivants de la faune nationale étrangère , doivent faire l'objet d'une autorisation délivrée par le service de l'environnement .Un texte d'application fixe les conditions de délivrance de cette autorisation et les modalités d'application aux établissements existants .

ARTICLE 52: Lorsque la conservation d'un milieu naturel sur le territoire de la République présente un intérêt spécial et qu'il convient de préserver ce milieu de toute intervention humaine susceptible de l'altérer , le dégrader , ou le modifier , toute portion du territoire national , terrestre ,maritime ou fluvial , peut être classées en parc national ou en réserve naturelle.

ARTICLE 53: La décision de classement en parc national ou en réserve naturelle est prise par le décret , de même que les modalités de protection et de gestion des dites zones . La décision de classement est précédée d'une enquête publique menée par le service de l'environnement , en collaboration avec les départements ministériels intéressés , les collectivités locales et , s'il y a lieu dans les zones frontalières , avec les autorités étrangères compétentes .

ARTICLE 54: Sous réserve des dispositions prévues à l'aliéna 2 du présent article , le décret instituant le classement prévu à l'article 53 est pris en prenant en considération le maintien des activités traditionnelles existantes dans la mesure où celles-ci sont compatibles avec la réalisation des objectifs visés à l'article 52.

Les autorisations de pratiquer les feux de brousse à des fins agricoles et pastorales telles que prévues à l'article 16 du présent code ne sont pas pour les zones classées ainsi que dans un périmètre de protection fixé par le décret de classement .

ARTICLE 55 : Les forêts , qu'elles soient publiques ou privées sont u bien d'intérêt commun qui doit être géré en tenant compte des préoccupations d'environnement , de sorte que les fonctions de protection des forêts ne soient pas compromises par leurs utilisations économiques , sociales ou récréatives .

ARTICLE 56 :Les forêts , en tant que patrimoine national ; doivent être protégées contre toute forme de dégradation , de pollution ou de destruction causées notamment par la surexploitation , le surpâturage , les défrichements abusifs , les incendies , les brûlis , les maladies ou l'introduction d'espèces inadaptées.

Lorsque le maintien de l'équilibre écologique l'exige , toutes portions de bois ou de forêts , quel que soient leurs propriétaires , peuvent être classés comme forêts protégées , interdisant par là même tout changement d'affectation ou tout mode d'occupation du sol de nature à compromettre la qualité des boisements et fixant les conditions d'utilisation de la dite forêt .

Le classement est établi par arrêté du Secrétaire d'Etat chargé des Eaux et Forêts .

Un décret d'application du présent code , portant code forestier , détermine le régime d'exploitation et de protection de la forêt guinéenne .

ARTICLE 57: Lorsque les décisions de classement prévues aux articles 53et 56 du présent code occasionnent un préjudice matériel , direct ou certain , elles donnent droit à indemnité au profit du propriétaire ou des ayant - droits dans des conditions fixées par décret .

TITRE 4
Lutte contre les nuisances
CHAPITRE I
Les déchets

ARTICLE 58: Au sens du présent code , on entend par déchet tout résidu d'un processus de production , de transformation ou d'utilisation , ou tout bien meuble abandonné ou destiné à l'abandon .

ARTICLE 59 : Les dispositions du présent chapitre s'appliquent sans préjudice des dispositions spéciales concernant notamment les installations et établissements classés , les eaux usées , effluents gazeux , épaves maritimes et rejets ou immersion en provenance de navires , instituées dans le présent code ou la réglementation en vigueur .

ARTICLE 60: Les déchets doivent faire l'objet d'un traitement adéquat afin d'éliminer ou de réduire leurs effets nocifs sur la santé de l'homme , les ressources naturelles , la faune et la flore ou la qualité de l'environnement en général .

ARTICLE 61: Lorsque des déchets sont abandonnés , déposés ou traités en contravention avec les dispositions du présent code et la réglementation en vigueur , l'administration concernée procède d'office à l'élimination desdits déchets aux frais des responsables .

ARTICLE 62: Dans les agglomérations urbaines disposant d'un service de ramassage des ordures ménagères , celles-ci doivent être déposées par chaque foyer dans une poubelle spécialement affectée à cet effet et placée en bordure de la chaussée pour ramassage par les services de la voirie .

ARTICLE 63: Dans chaque province , un arrêté du Gouverneur fixe en collaboration avec le service d'élevage pour chaque maison d'habitation située dans une agglomération urbaine le nombre maximum d'animaux domestiques susceptible d'être détenus et la liste des espèces autorisées. L'arrêté fixe également les conditions de détention et d'élimination des déchets en résultant .

ARTICLE 64 :La libre circulation dans les agglomération urbaines des animaux domestiques visés à l'article 63 est strictement interdite .

Les animaux errants sur la voie publique pourront être ramassés par les services municipaux et abattus sous

72heures.

ARTICLE 65: L'immersion ou l'élimination par quelque procédé que ce soit de déchets dans les eaux continentales et les eaux maritimes sous juridiction guinéenne est interdite, sauf autorisation spéciale délivrée par le service de l'environnement et sauf cas de force majeure entraînant une menace directe et certaine sur la sauvegarde de la vie humaine ou la sécurité d'un navire ou d'un aéronef.

ARTICLE 66: Les eaux usées et autres déchets liquides provenant des installations industrielles ou commerciales telles que mines ou carrières et des collectivités humaines doivent être traitées par voie physique, biologique ou chimique avant leur élimination conformément aux textes d'application du présent code ces textes fixent le délai permettant aux installations existantes à la date de promulgation du présent code de se conformer aux obligations établies.

ARTICLE 67: La fabrication, l'importation, la détention la vente et l'utilisation de produits générateurs de déchets peuvent être réglementés en vue de faciliter l'élimination desdits déchets ou, en cas de nécessité les interdire.

L'importation des déchets de toute nature à quelque fin que ce soit est interdite.

CHAPITRE II
Les installations et les Etablissements classés

ARTICLE 68: Toute personne physique ou morale, publique ou privée, propriétaire ou exploitant d'une installation doit prendre toutes les mesures nécessaires pour parvenir et lutter contre la pollution de l'environnement conformément aux prescriptions du présent code et des textes réglementaires d'application.

ARTICLE 69: Les usines, manufactures, ateliers, dépôt, chantiers, carrières et d'une manière générale les établissements exploités ou détenus par toute personne physique ou morale ;publique ou privée; qui présentent ou peuvent présenter des danger ou des désagréments importants pour la santé, la sécurité, la salubrité publique l'agriculture, la pêche, la conservation des sites et monuments, la commodité du voisinage ou pour la préservation de l'environnement guinéen en général sont soumis à une procédure de classement

ARTICLE 70: Les établissement visés à l'article 69 sont répartis en deux classes suivant les dangers ou la gravité des nuisances susceptible de résulter de leur exploitation

ARTICLE 71: La première classe comprend les établissements dont l'exploitation ne peut être autorisée qu'à la condition que des dispositions soient prises pour prévenir les dangers ou les désagréments importants visés à l'article 69. L'autorisation peut être également subordonné à l'accomplissement de certaines conditions touchant notamment à l'éloignement minimum de l'établissement recevant du public, d'une voie d'eau ou d'un captage d'eau, de la mer, d'une voie de communication ou des zones destinées à l'habitation.

ARTICLE 72: Les établissements faisant partie de l'une ou l'autre des deux classes doivent faire tous faire l'objet, avant leur construction ou leur mise en fonctionnement, d'une autorisation délivrée par arrêté conjoint des Ministres chargés de l'industrie, des petites et moyennes entreprises et de l'Environnement, à la demande du propriétaire ou de l'exploitant de l'établissement.

L'autorisation visée à l'alinéa précédent est également exigée en cas de transfert, d'extension ou de modifications importantes de l'établissement.

La démarche d'autorisation doit être accompagnée d'une fiche technique mentionnant avec précision la nature, la quantité et la toxicité des effluents de l'établissement.

ARTICLE 73: Un décret portant code des établissements classés détermine notamment:

- les catégories d'établissements soumis aux dispositions du présent code et le classement de chacune d'elles;

- les conditions de mise en oeuvre de l'autorisation visée à l'alinéa 72;

- les détails des procédures d'enquêtes de commodo et incommodo propres aux autorisations d'ouverture d'établissements relevant de la première classe;

- le régime de l'inspection des établissements classés;

la réglementation applicable en cas de modification, transfert, transformation de l'établissement ou de changement d'exploitant;

- l'assiette et le montant des taxes et redevances devant être acquittées par les exploitants d'établissements classés;

- les sanctions administratives telles que les procédures de suspension ou d'arrêt de fonctionnement.

Lorsque l'exploitation d'une exploitation non inscrite dans la nomenclature des établissements classés présente des dangers ou des inconvénients graves et immédiats, soit pour la sécurité, la salubrité ou la commodité du voisinage, soit pour la santé publique, l'autorité ministérielle chargée de l'environnement peut suspendre le fonctionnement de l'installation pour une durée maximale de deux mois après une enquête de ses services.

Durant la période d'interruption de fonctionnement, le service de l'environnement détermine après consultation de l'exploitant les travaux à exécuter, les dispositions spéciales à prendre et propose le classement de la dite installation. L'autorisation de remise en service de l'installation est donnée lorsque les prescriptions établies par le service de l'environnement ont été respectées par l'exploitant.

Lorsque les dangers et inconvénients visés à l'alinéa 1ne paraissent pas exercer leurs effets à court terme et de façon irrémédiable, la procédure instituée à l'alinéa 2 est engagée sans qu'il y ait suspension de fonctionnement de l'installation. Celle-ci n'est prononcée que lorsque l'exploitant ne met pas en oeuvre dans le délai requis les prescriptions établies par le service de l'environnement après mise en demeure de l'administration.

CHAPITRE III
Les substances chimiques nocives ou dangereuses

ARTICLE 75: Les substances nocives et dangereuses qui, en raison de leur toxicité, de leur radioactivité, ou de leur concentration dans les chaînes biologiques, présentent ou sont susceptibles de présenter un danger pour l'homme, le milieu naturel et son environnement lorsqu'elles sont produites, importées sur le territoire guinéen ou évacuées dans le milieu, sont soumises au contrôle et à la surveillance du service de l'environnement.

ARTICLE 76: Un décret d'application du présent code fixe:

- obligation des fabricants et importateurs de substances chimiques destinées à la commercialisation en ce qui concerne les informations à fournir au service de l'environnement relatives à la composition des préparations mises sur le marché, leur volume commercialisé et leurs effets potentiels vis à vis de l'homme et de son environnement;

- la liste des substances nocives et dangereuses dont la production, l'importation, le transit et la circulation sur le territoire guinéen sont interdits ou soumis à autorisation préalable du service de l'environnement;

- les conditions, le mode et l'itinéraire de transport, de même que toutes les prescriptions relatives au conditionnement et à la commercialisation de substances visées à l'alinéa précédent;

- les conditions de délivrance de l'autorisation préalable visée à l'alinéa 2.

ARTICLE 77: Les substances chimiques, nocives ou dangereuses, fabriquées, importées ou commercialisées en infraction aux dispositions du présent code et de ses textes d'application peuvent être saisies par les agents habilités en matière de répression des fraudes; les agents assermentés du service de l'environnement ainsi que ceux des ministères du développement rural et de la santé. Lorsque le danger le justifie, ces substances peuvent être détruites, neutralisées ou stockées dans les meilleurs délais par les soins du service de l'environnement, aux frais de l'auteur de l'infraction.

ARTICLE 78: Sont interdites l'importation, la fabrication, la détention, la vente et distribution même à titre gratuit des engrais chimiques, pesticides agricoles et produits anti-parasitaires n'ayant pas fait l'objet d'une homologation du Ministère du Développement Rural établie après avis du service de l'environnement, conformément aux dispositions de l'article 18.

CHAPITRE 4
Le bruit et les odeurs

ARTICLE 79: Sont interdites les émissions de bruits susceptibles de nuire à la santé de l'homme, de constituer une gêne excessive pour le voisinage ou de porter atteinte à l'environnement. Les personnes à l'origine de ces émissions doivent mettre en oeuvre toute les

dispositions utiles pour les supprimer. Lorsque l'urgence le justifie, l'autorité ministérielle chargée de l'environnement peut prendre toutes mesures exécutoires destinées d'office à faire cesser le trouble.

ARTICLE 80: Est interdite de la part des installations, l'émission d'odeurs qui, par leur concentration ou leur nature, s'avèrent particulièrement incommodantes pour l'homme.

ARTICLE 81: Un arrêté de l'autorité ministérielle chargée de l'environnement fixe notamment:

- les conditions d'application des interdictions visées à l'article 79 touchant tout particulièrement les plafonds de niveaux sonores autorisés et les délais dans les quels il doit être satisfait aux prescriptions pour les immeubles, installations, véhicules et autres objets mobiliers existants au jour de publication de l'arrêté concerné;

- les cas et conditions permettant l'exécution visées à l'article 80.

TITRE 5
Procédures administratives incitations et dispositions financières

CHAPITRE I
La procédure d'étude d'impact

ARTICLE 82: Lorsque des aménagements, des ouvrages ou es installations risquent, en raison de leur dimension, de la nature des activités qui y sont exercées ou de leur incidence sur le milieu naturel de porter atteinte à l'environnement, le pétitionnaire ou maître de l'ouvrage établira et soumettra à l'autorité ministérielle chargée de l'environnement une étude d'impact permettant d'évaluer les incidences directes ou indirectes du projet sur l'équilibre écologique guinéen, le cadre et la qualité de vie de la population et les incidences de la protection de l'environnement en général.

ARTICLE 83: Sur la base du rapport établi par le Conseil National de l'Environnement:

- Un décret d'application du présent code fixe la liste des différentes catégories d'opérations pour lesquelles l'autorité ministérielle chargée de l'environnement aura la possibilité d'exiger la réalisation d'une étude d'impact préalable à toute réalisation.

- Un arrêté pris par l'autorité ministérielle chargée de l'environnement aura la possibilité d'exiger réglemente le contenu, la méthodologie et la procédure des études d'impact. Le document soumis à l'administration devra obligatoirement comporter les indications suivantes:

- l'analyse de l'état initial du site et de son environnement;
- l'évaluation des conséquences prévisibles de la mise en oeuvre du projet sur le site et son environnement naturel et humain;
- l'énoncé des mesures envisagées par le pétitionnaire pour supprimer, réduire et si possible, compenser les conséquences dommageables du projet sur l'environnement et l'estimation des dépenses correspondantes;
- la présentation des autres solutions possibles et raisons pour lesquelles, du point de vue de la protection de l'environnement, le projet présenté a été retenu.

CHAPITRE II
Les plans d'urgence

ARTICLE 84: Des plans d'urgence faire face aux situations critiques génératrices de pollution grave de l'environnement sont préparés par l'autorité ministérielle chargée de l'environnement en collaboration avec le Ministère de l'intérieur et les autres départements ministériels concernés dans des conditions fixées par décret.

Le plan de lutte contre la pollution de la mer et du littoral est adopté par l'autorité ministérielle chargée de l'environnement sur proposition du Secrétariat d'Etat aux transports et du Centre National de protection du Milieu Marin et des Zones côtières adjacentes.

ARTICLE 85 : L'exploitation de toute installation classée en première classe, conformément aux dispositions des articles 69et 71 est tenu d'établir un plan d'urgence propre à assurer l'alerte des autorités compétentes et des populations avoisinantes en cas de sinistre ou de menace de Sinistre, l'évacuation du personnel et les moyens de circonscrire les causes du sinistre.

Le plan d'urgence devra être agréé par le service de l'environnement lequel s'assurera périodiquement de la mise en oeuvre effective des prescriptions édictées par le plan d'urgence et du bon état des matériels affectés à ces tâches.

ARTICLE 86: Un décret d'application du présent code fixe les conditions d'élaborations, le contenu et les modalités de mise en oeuvre des plans d'urgence visés aux articles 84 et 85. Dans la mise en oeuvre de ces plans, il pourra notamment être procédé:

- à la réquisition des personnes et des biens,

- à l'occupation temporaire et la traversée des propriétés privées.

CHAPITRE III
Le fonds de sauvegarde de l'environnement

ARTICLE 87: Il est créé un compte d'affectation spécial du trésor dénommé fonds de sauvegarde de l'environnement.

ARTICLE 88: L'organisation et les modalités de fonctionnement du Fonds de Sauvegarde de l'Environnement sont précisées par décret .Les recettes de ce Fonds constituées par :

- les dotations de l'Etat ,

- le produit des taxes et redevances établies par le présent code et ses textes d'application ,

- le produit des amendes et confiscations prononcées pour les infractions aux dispositions du présent code et de ses textes d'application ;

- les concours financiers des organismes étrangers de coopération ,

- les dons et les legs .

ARTICLE 89 : Les dépenses de Fonds de sauvegarde de l'environnement sont exclusivement affectées au financement des opérations entrant dans le cadre de la politique nationale de préservation et de mise en valeur de l'environnement .Dans son action , le Fonds pourra notamment accorder des prêts ou des subventions aux services publics de l'Etat, aux collectivités locales , aux associations et aux particuliers lorsqu'ils réalisent des investissements ou engagent des actions ou campagnes destinées à prévenir les pollutions ou à adapter les installations existantes aux normes de qualité de l'environnement édictées par les pouvoirs publics .

Le Fonds apportera une aide prioritaire en subventionnant les opérations susceptibles de réduire les feux de brousse par l'amélioration des techniques de production agricole et de reboiser les sites , de même que les actions destinées à limiter l'utilisation du bois de chauffe en facilitant l'emploi de foyers améliorés et d'autre sources d'énergie .

TITRE 6
Le régime juridique des infractions
CHAPITRE I
Le régime de Responsabilité

ART ICLE 90 : Sans préjudice des peines applicables sur le plan de la responsabilité pénale, est responsable civilement , sans qu'il soit besoin de prouver une faute toute personne qui , transportant ou utilisant des hydrocarbures ou des substances chimiques , nocives et dangereuses telles que définies à l'article 75 , ou exploitant un établissement classé, a causé un dommage corporel ou matériel se rattachant directement ou indirectement à l'exercice des activités subventionnées.

La réparation du préjudice prévue à l'aliéna précédent est écartée lorsque la personne ou l'exploitant concerné prouve que le préjudice corporel ou matériel résulte :

- de la faute de la victime ,

- d'un événement de force majeure

ARTICLE 91: Lorsque les éléments constitutifs de l'infraction proviennent d'un établissement industriel , commercial , artisanal ou agricole , les propriétaires , les exploitants , les directeurs ou gérants peuvent être déclarés solidement responsables du paiement des amandes et frais de justice dus par les auteurs de l'infraction.

CHAPITRE II
La compétence et la procédure

ARTICLE 92 :Les infractions aux dispositions du présent code et de ses textes d'application sont constatées par les procès-verbaux des officiers et agents de police judiciaire et des agents de l'administration assermentés .Ils font foi jusqu'à preuve contraire

ARTICLE 93 : Les infractions aux dispositions du présent code et de ses textes d'application sont jugées par le tribunal compétent du lieu de l'infraction . sont , en outre , compétents :

- s'il s'agit d'un navire , bâtiment , engins ou plate forme maritime , le tribunal dans le ressort duquel il est trouvé s'il est étranger ou non immatriculé,

- s'il s'agit d'un aéronef, le tribunal du lieu d'atterrissage, après le vol au cours duquel l'infraction a été commise.

Dans les autres cas et, à défaut, le tribunal de Conakry est compétent.

ARTICLE 94: Tout officier ou agent de police judiciaire, de même que tout agent assermenté relevant du service de l'environnement peut pénétrer, à tout moment sur un terrain dans un véhicule, une installation, une plate-forme, navire ou édifice autre qu'une maison d'habitation, afin de procéder à tout constat et notamment prélever des échantillons, installer des appareils de mesure, procéder à des analyses ou visiter les lieux, lorsqu'il présume que l'on s'y livre ou que l'on s'y est livré à une activité susceptible de constituer une infraction aux dispositions du présent code et de ses textes d'application.

CHAPITRE III

Pénalités

ARTICLE 95 : Est punie d'une amende de 10.000 à 300.000 FG et d'une peine d'emprisonnement de 2 mois à 5 ans, toute personne ayant allumé un feu de brousse en infraction aux dispositions de l'article 16.

ARTICLE 96: Est punie d'une amende de 150.000 FG à 500.000 FG et d'une peine d'emprisonnement de 2 à 5 ans, toute personne utilisant des engrais, pesticides et autres substances chimiques non conformes aux listes établies sur la base de l'article 18 ou en infraction avec les dispositions d'utilisation prescrites.

ARTICLE 97: Est punie d'une amende de 100.000 à 1000.000 FG et d'une peine d'emprisonnement de 1 à 3 ans, toute personne ayant contrevenu aux dispositions de l'article 19 relatives à l'obtention et au respect d'une autorisation préalable pour l'affectation, l'aménagement et l'utilisation du sol et du sous-sol.

ARTICLE 98: Est punie d'une amende de 10.000.000 à 25.000.000 FG et d'une peine d'emprisonnement de 3 à 5 ans, le titulaire d'un titre minier ou d'un titre de carrière ou son représentant ne respectant pas les engagements du plan prévu à l'article 20.

ARTICLE 99: Est punie d'une amende de 50.000 à 250.0000 et d'une peine d'emprisonnement de 1 à 3 ans, toute personne n'ayant pas respecté les périmètres de protection des captages d'eau ou contrevenu aux délais stipulés à l'article 25 dans ses textes d'application.

ARTICLE 100: Est punie d'une amende de 1 000.000 à 5 000.000 FG et d'une peine d'emprisonnement de 2 à 5 ans, toute personne ayant pollué les eaux continentales guinéennes en infraction avec les obligations mises à sa charge par les articles 27 et 31.

ARTICLE 101: Est punie d'une amende de 1 000.000 à 5 000.000 FG et d'une peine d'emprisonnement de 2 à 5 ans, tout propriétaire ou exploitant en infraction avec les obligations mises à sa charge par les articles 28 et 29.

ARTICLE 102: Est punie d'une amende de 300 000 à 500 000 FG et d'une peine d'emprisonnement de 1 à 3 ans, toute personne portant atteinte au réseau d'assainissement dans les conditions de l'article 30.

ARTICLE 103: Est punie d'une amende de 25 000.000 à 100.000.000 FG et d'une peine d'emprisonnement de 3 à 5 ans, toute personne polluant les eaux maritimes sous juridiction guinéenne en infraction avec les dispositions des articles 32, 33 et 35.

ARTICLE 104: Est puni d'une amende de 10.000.000 à 25.000.000 et d'une peine d'emprisonnement de 2 à 5 ans, tout capitaine et responsable en infraction avec les obligations mises à sa charge par l'article 37.

ARTICLE 105: Est puni d'une amende de 500 000 à 1 000.000 de FG et d'une peine d'emprisonnement de 2 à 5 ans, quiconque a méconnu ou contrevenu à l'autorisation requise à l'article 39.

ARTICLE 106: Est punie d'une amende de 250 000 à 2 500 000 FG et d'une peine d'emprisonnement de 1 à 3 ans, toute personne ayant altéré la qualité de l'air en contrevenant aux dispositions des articles 41, 42 et 43.

ARTICLE 107: Est punie d'une amende de 250 000 à 500 000 FG et d'une peine d'emprisonnement de 2 à 5 ans, toute personne atteinte aux espèces animales, végétales, ou à leurs milieux naturels en infraction aux dispositions des articles 49 et 50, 53 et 54, 56.

ARTICLE 108: Est puni d'une amende de 250 000 à 500 000 FG et d'une peine d'emprisonnement de 1 à 3 ans, quiconque a contrevenu aux dispositions de l'article 51.

ARTICLE 109: Est punie d'une amende de 50 000 à 1 000.000 FG et d'une peine d'emprisonnement de 1 à 3 ans, toute personne enfreignant les dispositions prévues en matière de déchets par les articles 60, 61, 62, 63, 64, 65, 66 et 67 et al.1

ARTICLE 110: est punie d'une amende de 25 000.000 à 100. 000.000 FG et d'une peine d'emprisonnement de 3 à 5 ans, toute personne en infraction aux dispositions de l'article 67 al.2. En plus des condamnations ci-dessus, les auteurs et complices de l'infraction visée à l'article 67 al 2 sont contraints d'enlever immédiatement et d'exporter dans un délai maximum de 30 jours tous les déchets qu'ils ont importés et déposés sur le territoire national. Passé ce délai impératif, il leur sera infligée une amende de 50 000 à 150 000Fg par jour de retard suivant l'importance des déchets.

ARTICLE 111: Est puni d'une amende de 1 000.000 à 5 000.000 FG et d'une peine d'emprisonnement de 2 à 5 ans, l'exploitant d'un établissement classé sans autorisation ou en infraction aux dispositions de l'autorisation prévue aux articles 72, 73 et 74.

ARTICLE 112: Est punie d'une amende de 500 000 à 300 000 FG et d'une peine d'emprisonnement de 1 à 3 ans, toute personne enfreignant les interdictions relatives au bruit et aux odeurs édictées aux articles 79, 80 et 89.

ARTICLE 113: Est punie d'une amende de 250 000 à 1 000.000 FG et d'une peine d'emprisonnement de 2 à 5 ans, toute personne falsifiant les résultats d'une étude d'impact prévue à l'article 82 ou altérant volontairement les paramètres permettant la réalisation de l'étude d'impact.

ARTICLE 114: Est punie d'une amende de 250 000 à 1 000.000 FG et d'une peine d'emprisonnement de 1 à 3 ans, tout exploitant d'une installation classée en infraction aux dispositions des articles 85 et 86 relatives au plan d'urgence.

TITRE 7
Dispositions finales

ARTICLE 115: Sont abrogées toutes les dispositions antérieures contraires à la présente ordonnance.

ARTICLE 116: La présente Ordonnance sera exécutée comme loi de l'Etat, enregistrée et publiée au Journal Officiel de la République.

Conakry, le 10 Mars 1989

Général LANSANA CONTE

附录3　几内亚投资法 2015 法文版

几内亚投资法 2015 法文版

République de Guinée

Travail – Justice – Solidarité

ASSEMBLEE NATIONALE

LOI
L/2015/N°......008............/AN

PORTANT CODE DES INVESTISSEMENTS DE LA REPUBLIQUE DE GUINEE

L'Assemblée Nationale ;

Vu la Constitution, en son article 72 ;

Après en avoir délibéré et adopté,

Le Président de la République promulgue la loi dont la teneur suit :

TITRE I
DES DISPOSITIONS GENERALES

CHAPITRE I : OBJET ET DEFINITIONS

Article 1er : Objet

Le présent Code fixe le cadre juridique et institutionnel des investissements privés, nationaux ou étrangers réalisés en République de Guinée, en vue de favoriser :

a) la création, l'extension, la diversification, la modernisation des entreprises et/ou des infrastructures, des prestations de services et de l'artisanat ;

b) la création d'emplois décents et durables, la formation des cadres nationaux et l'émergence d'une main-d'œuvre nationale qualifiée ;

c) l'apport des capitaux étrangers ainsi que la mobilisation de l'épargne nationale;

c) l'apport des capitaux étrangers ainsi que la mobilisation de l'épargne nationale ;

d) la transformation et la valorisation des matières premières locales en priorité ;

e) l'investissement dans les industries exportatrices et dans les secteurs économiques valorisant les ressources naturelles et produits locaux, à fort potentiel de main d'œuvre ;

f) la création et le développement d'entreprises nouvelles, notamment les Petites et Moyennes Entreprises ;

g) la restructuration, la compétitivité, l'intégration et la croissance des entreprises ;

h) le transfert des technologies adaptées au besoin de développement du pays ;

i) les investissements en milieu rural et dans toutes les régions du pays pour améliorer les conditions de vie des populations locales ;

j) la reprise pour la réhabilitation ou l'extension d'entreprises par de nouveaux investisseurs

k) la promotion du Partenariat Public-Privé et d'un tissu économique performant et complémentaire ;

l) l'utilisation des technologies locales et la recherche-développement ;

m) la promotion de l'industrie verte et la diversification des produits à l'exportation ;

n) la protection de l'environnement, l'intégration économique sous- régionale et régionale.

Article 2 : Définitions

Au sens du présent Code, on entend par :

« **Code** » : le présent Code des investissements.

« **Création et exploitation d'entreprise** » : toute activité consistant à rassembler divers facteurs de production, produisant des biens et/ou services pour la vente, distribuant des revenus en contrepartie de l'utilisation des facteurs de production et tenant une comptabilité régulière.

« **Entreprise** » : toute unité de production, de transformation ou de distribution de biens ou de services à but lucratif, quelle qu'en soit la forme juridique, qu'il s'agisse d'une personne physique ou d'une personne morale qui mobilise et consomme des ressources matérielles, humaines, financières, immatérielles et informationnelles, ayant satisfait aux dispositions des lois et règlements guinéens en vigueur, notamment celles fixant les règles fiscales et comptables de ses activités.

« **Entreprise nouvelle** » : toute entité économique nouvellement créée et en phase de réalisation d'un programme d'investissement éligible, en vue du démarrage de ses activités.

« **Etat** » : ensemble des institutions publiques nationales et locales prévues et organisées par la Constitution de la République de Guinée.

« **Equipements, matériels et outillages** » : Objets et instruments qui servent à la transformation ou au façonnage des matières, notamment matériel et outillage industriel, matériel et outillage agricole, matériel de manutention, matériel d'emballage, à savoir emballage non livré à la clientèle, emballage récupéré et recyclé, matériel de réparation tels que les clés et autres outils.

« **Extension** » : tout projet ou programme d'investissement initié par une entreprise existante en vue d'augmenter sa capacité de production, d'améliorer ou de diversifier sa production.

« **Investissement** » : les capitaux employés par toute personne, physique ou morale, pour l'acquisition de biens mobiliers, matériels et immatériels et pour assurer le financement des frais de premier établissement ainsi que les besoins en fonds de roulement, indispensables à la création ou l'extension d'entreprises.

« **Investisseur** » : toute personne, physique ou morale, de nationalité guinéenne ou étrangère réalisant dans les conditions définies dans le cadre du présent Code, des opérations d'investissement sur le territoire de la République de Guinée.

« **Matières premières ou intrants** » : les produits entrants directement dans la fabrication des produits finis après avoir subi une transformation substantielle réputée suffisante, avec une valeur ajoutée d'au moins 30%.

« **Restructuration** » : opération tendant à assurer la viabilité de l'entreprise afin de retrouver l'équilibre financier et structurel ainsi que de répondre aux critères d'éligibilité à la mise à niveau.

« **Secteur privé** » : ensemble des entreprises appartenant aux personnes physiques ou morales de droit privé qui ont pour rôles essentiels, la production des biens et services ou la création de richesses, en vue d'accroître le revenu national.

CHAPITRE II : DU CHAMP D'APPLICATION

Article 3 : Secteurs et activités couverts

Le présent Code s'applique à tous les investisseurs, personnes physiques ou morales, qui exercent leurs activités dans l'un des secteurs suivants :

  a) Agriculture, pêche, élevage, exploitation forestière, et activités de stockage des produits d'origine végétale, animale ou halieutique ;

  b) Activités manufacturières de production ou de transformation ;

  c) Tourisme, aménagements et industries touristiques, autres activités hôtelières ;

  d) Nouvelles Technologies de l'Information et de la Communication ;

  e) Logements sociaux ;

  f) Activités et travaux d'assainissement, de voirie, de traitement de déchets urbains et industriels ;

  g) Industries culturelles : livre, disque, cinéma, centre de documentation, centre de production audio-visuelle;

  h) Services exercés dans les sous-secteurs suivants :
     - santé ;
     - éducation et formation ;
     - montage et maintenance d'équipements industriels ;
     - télé-services,
     - transports routier, aérien et maritime.

  i) Infrastructures routières, portuaires, aéroportuaires et ferroviaires ;

  j) Réalisation de complexes commerciaux, parcs industriels, cyber villages et centres artisanaux.

La liste des secteurs d'activités susmentionnées peut être modifiée par décret présidentiel pris en Conseil des Ministres sur proposition du Ministre en charge de la Promotion du Secteur Privé, lequel doit préalablement à la proposition requérir l'avis du Comité Technique de Suivi des Investissements.

Article 4 : Secteurs d'activité exclus

Les activités de négoce définies comme des activités de revente en l'état des produits achetés à l'extérieur de l'entreprise sont expressément exclues du champ d'application du présent Code.

Les activités éligibles au Code minier et au Code pétrolier sont également exclues du champ d'application du présent Code, ainsi que les investissements bénéficiant de régimes d'aides spécifiques déterminés par la législation fiscale ou des lois particulières.

Article 5 : Secteurs d'activités soumis à une réglementation technique

Les personnes physiques ou morales de droit privé, quelle que soit leur nationalité, ne peuvent entreprendre sans autorisation sur le territoire guinéen des activités dans les secteurs suivants :

- la production et la distribution d'électricité, sauf pour la satisfaction de leurs besoins personnels ;

- la distribution d'eau courante, sauf pour la satisfaction de leurs besoins personnels ;

- les banques et assurances ;

- les postes et télécommunications ;

- la fabrication, l'achat et la vente d'explosifs, d'armes et de munitions ;

- la santé, l'éducation et la formation ;

- la fabrication, l'importation et la distribution de médicaments et produits toxiques et dangereux.

Article 6 : Secteurs d'activités réservés

Les personnes physiques ou morales de nationalité étrangère ne peuvent détenir, directement ou à travers des sociétés de droit guinéen, plus de 40 % des titres sociaux d'entreprises engagées en Guinée dans les activités suivantes :

- la publication de quotidiens ou périodiques d'information générale ou politique ;

- la diffusion de programmes télévisés ou radiophoniques.

La direction effective des entreprises visées à l'alinéa précédent est assurée par des personnes physiques de nationalité guinéenne résidant en Guinée.

TITRE II
DES DROITS ET DES OBLIGATIONS DES INVESTISSEURS

CHAPITRE I : DES GARANTIES ET DROITS ACCORDES AUX INVESTISSEURS

Article 7 : Les investisseurs régulièrement établis en République de Guinée, quelle que soit leur nationalité, qui exercent ou désirent exercer, une activité entrant dans le champ d'application défini aux Articles 3,5 et 6 ci-dessus, sont, chacun en ce qui les concerne, assurés des garanties générales et avantages énoncés dans le présent Code et dans la législation fiscale et douanière.

Article 8 : Sous réserve des dispositions de l'Article 6 ci-dessus, les investisseurs privés étrangers peuvent librement détenir jusqu'à 100 % des parts sociales ou actions de l'entreprise qu'ils envisagent de créer en Guinée.

Les investissements dans chacun des secteurs visés par les dispositions du présent Code sont réalisés librement.

Article 9 : L'investisseur régulièrement établi en République de Guinée jouit d'une pleine et entière liberté économique et concurrentielle.

Il est notamment libre :

- d'acquérir les biens, droits et concessions de toute nature nécessaires à son activité, tels que les biens fonciers, immobiliers, commerciaux, industriels ou forestiers ;

- de jouir de ses droits et biens acquis ;

- de faire partie de toute organisation professionnelle de son choix ;

- de choisir ses modes de gestion technique, industrielle, commerciale, juridique, sociale et financière, conformément à la législation et à la réglementation en vigueur ;

- de choisir ses fournisseurs et prestataires de services ainsi que ses partenaires ;

- de participer aux appels d'offres de marchés publics sur l'ensemble du territoire national ;

- de choisir sa politique de gestion des ressources humaines et d'effectuer librement le recrutement de son personnel, dans le strict respect des textes réglementaires et conventionnels en vigueur.

Article 10 : Les investisseurs étrangers reçoivent en République de Guinée un traitement identique à celui accordé aux investisseurs nationaux.

De mesures nationales visant à promouvoir l'entreprenariat national peuvent cependant, déroger valablement au principe posé au premier alinéa du présent article, et ce, sans préjudice des engagements internationaux de la République de Guinée, relatifs au principe d'égalité de traitement des investisseurs.

Article 11 : L'investisseur, quelle que soit sa nationalité, est garanti contre toute mesure de nationalisation, d'expropriation ou de réquisition de son entreprise, sauf pour cause d'utilité publique dument établie et après une juste et préalable indemnisation.

Article 12 : L'Etat œuvrera activement pour l'instauration d'un environnement favorable aux investisseurs dont les projets sont éligibles au présent Code.

Article 13 : Les investisseurs jouissant des avantages prévus par le présent Code et la législation fiscale et douanière bénéficieront, à leur demande, de toute nouvelle mesure législative ou réglementaire plus avantageuse qui serait adoptée postérieurement à la publication du Code.

Article 14 : Sans préjudice des Articles 31, 37, 38 et 43 ci-dessous, les avantages accordés aux investisseurs en vertu des dispositions du présent Code et de la législation fiscale et douanière sont acquis. Les investisseurs continueront à en bénéficier nonobstant toute nouvelle mesure moins favorable qui serait adoptée ultérieurement à la publication du Code.

Article 15 : Les investisseurs ont un libre accès aux matières premières brutes ou semi-transformées, produites sur toute l'étendue du territoire national.

Les ententes ou pratiques faussant le jeu de la concurrence sont prohibées et réprimées conformément à la législation guinéenne.

Article 16 : Les personnes physiques ou morales de nationalité étrangère ont accès au foncier dans les conditions définies par les lois et règlements en vigueur en République de Guinée.

Les terrains ou bâtiments du domaine privé de l'Etat ou de ses démembrements peuvent faire l'objet de vente, de location ou d'apport en société.

Article 17 : Sous réserve de régularisation fiscale, les transferts d'actifs se rapportant aux investissements sont libres.

Les investisseurs étrangers ont le droit de transférer à l'étranger, sans autorisation préalable et dans la devise de leur choix, les fonds afférents aux paiements courants, les bénéfices après impôts, les dividendes, l'épargne des salariés expatriés, les revenus salariaux de ces derniers et leurs indemnités.

Il est aussi reconnu aux investisseurs le droit de céder librement leurs actions, parts sociales, fonds de commerce ou d'actifs, parts de boni de liquidation et indemnités d'expropriation sous réserve de déclaration préalable auprès du Ministère en charge des Finances.

Les investisseurs, à condition de respecter la réglementation des changes, ont un accès libre et illimité aux devises.

Article 18 : Conformément à la législation en vigueur en République de Guinée, tout investisseur est libre de recruter et de licencier des salariés expatriés spécialisés pour la bonne marche de son entreprise.

Les contrats de travail des salariés expatriés peuvent valablement déroger à certaines dispositions du code du travail et de la réglementation sociale en ce qui concerne :

- l'affiliation à un organisme de sécurité sociale agréé en Guinée ;

- l'affiliation à un service médical interentreprises ;

- la durée et les motifs de recours à un contrat à durée déterminée ;

- les règles applicables en matière d'embauche.

Les dérogations prévues ci-dessus ne peuvent avoir pour effet de porter atteinte aux droits des salariés, tels que reconnus par les Conventions et Accords internationaux auxquels la République de Guinée a souscrit.

Les modalités pratiques des cas de dérogations mentionnés ci-dessus seront fixées par voie réglementaire.

L'Etat garanti aux salariés expatriés qui remplissent les conditions requises la délivrance de visa de résident professionnel et de permis de travail pendant la durée de leur contrat.

Article 19 : Les dispositions du présent Code ne font pas obstacle aux garanties et avantages plus étendus qui seraient prévus par des lois spéciales et par les Traités ou Accords conclus ou pouvant être conclus entre la République de Guinée et d'autres Etats.

CHAPITRE II : DES OBLIGATIONS DES INVESTISSEURS

Article 20 : Les investisseurs sont tenus au respect des lois et règlements en vigueur en République de Guinée.

Article 21 : Les investisseurs se conforment aux normes internationales applicables à leurs produits, services, et environnement de travail, en ce qu'elles peuvent compléter la législation nationale.

Article 22 : L'investisseur applique les principes internationaux relatifs au droit du travail et au droit de la personne, parmi lesquels ceux issus de la norme ISO 26 000.

Article 23 : L'investisseur contribue à la qualification du personnel national et favorise le transfert de technologies. Il fait recours prioritairement à des fournisseurs et sous-traitant nationaux.

Article 24 : L'investisseur contribue à l'amélioration des conditions de vie des communautés où opère son entreprise, et, à la qualification professionnelle de ses collaborateurs locaux.

Article 25 : Pour les travaux ne nécessitant pas une qualification spécifique, l'investisseur recrute exclusivement la main d'œuvre locale.

Pour les travaux nécessitant une qualification, l'investisseur recrute en priorité la main d'œuvre nationale à compétences égales.

Article 26 : L'investisseur s'abstient de tout acte de corruption, de concurrence déloyale, et de tout autre acte assimilé pendant ou après son établissement.

TITRE III
DU CADRE INSTITUTIONNEL

CHAPITRE I: DE L'AGENCE DE PROMOTION DES INVESTISSEMENTS PRIVES

Article 27 : L'Agence de Promotion des Investissements Privés (APIP) a pour mission de soutenir l'investissement et de mettre en œuvre la politique du Gouvernement en matière de promotion et de développement des investissements privés nationaux et étrangers.

Article 28 : Dans le cadre de l'assistance et de la fourniture des services aux investisseurs, l'APIP est chargée avec les services publics concernés de faciliter l'accomplissement des formalités administratives.

Article 29 : Les attributions, la composition, l'organisation et le fonctionnement de l'APIP sont fixés par Décret.

CHAPITRE II: DU COMITE TECHNIQUE DE SUIVI DES INVESTISSEMENTS

Article 30 : Il est institué sous l'autorité du Ministre en charge de la Promotion du Secteur Privé, un Comité Technique de Suivi des Investissements (CTSI).

Article 31 : Dans le cadre de la mise en œuvre du présent Code, le CTSI est chargé de veiller à l'application correcte des procédures et modalités d'octroi des avantages fiscaux et douaniers, et de contrôler le respect par les investisseurs de leurs obligations et engagements. A ce titre, le CTSI élabore chaque année un rapport sur les entreprises bénéficiaires desdits avantages et, si besoin, prend toutes mesures utiles, y compris les sanctions, en vue de la bonne application des dispositions du présent Code.

Le Comité Technique de Suivi des Investissements est composé de représentants de l'Administration parmi lesquels : les Ministères en charge de l'Economie, des Finances, du Plan, de la Promotion du Secteur Privé, de l'emploi et de la Banque Centrale de la République de Guinée. La composition doit être élargie au Ministère sectoriel qui couvre le domaine de l'investissement concerné.

Le secrétariat du CTSI est assuré par l'APIP.

Les aspects techniques liés à l'organisation et au mode de fonctionnement du CTSI sont fixés par voie réglementaire.

TITRE IV
DU REGIME PRIVILEGIE

Article 32 : Nature des avantages particuliers

Dans le cadre du présent Code, les investisseurs qui réalisent des projets de création ou d'extension d'entreprise, bénéficient d'avantages fiscaux et douaniers déterminés par la législation fiscale et douanière en vigueur en République de Guinée.

Article 33 : Conditions d'éligibilité

Sans préjudice des Articles 3, 20, et 26 du présent Code, toute entreprise peut bénéficier du régime privilégié du Code des Investissements à condition de remplir les conditions suivantes :

- être enregistrée au Registre du Commerce et de Crédit Mobilier (RCCM) ;

- être à jour de ses obligations fiscales ;

- s'agissant d'une entreprise nouvelle, si l'investisseur projette, cumulativement, d'investir un montant égal ou supérieur à 200 000 000 GNF, et la création de 5emplois nationaux permanents au minimum ;

- s'agissant de l'extension d'une entreprise existante, si le programme d'investissement assure une augmentation de la production des biens ou des services ou du nombre des travailleurs guinéens à concurrence de 35% au moins.

Les investissements majeurs peuvent faire l'objet d'une convention d'établissement, auquel cas, un traitement particulier pourrait être consenti en matière de fiscalité au profit de l'investisseur bénéficiaire durant une période négociée. Le régime de stabilité fiscal est garanti sur la période d'amortissement de l'investissement négocié.

Article 34 : Des Zones économiques

Pour la détermination de la durée et des modalités d'application du régime fiscal dérogatoire, le territoire national est subdivisé en deux Zones A et B délimitées ainsi qu'il suit :

Zone A : La Région de Conakry et les préfectures de Coyah, Forécariah, Dubréka, Boffa, Fria, Boké et Kindia ;

Zone B : Le reste du territoire national.

Article 35: Les limites et le nombre des Zones peuvent être modifiés par un décret pris en Conseil des Ministres sur proposition du Ministre en charge de la Promotion du Secteur Privé après avis du CTSI.

TITRE V
OBLIGATIONS LIEES A LA DEMANDE ET AU BENEFICE DU REGIME DEROGATOIRE D'INCITATION FISCALE DU CODE DES INVESTISSEMENTS

CHAPITRE I : OBLIGATIONS LIEES A LA DEMANDE DE BENEFICE DU REGIME DEROGATOIRE DES INCITATIONS FISCALES

Article 36 : Les personnes physiques ou morales qui sollicitent le bénéfice du régime dérogatoire d'incitation fiscale du Code des Investissements s'obligent à :

- employer en priorité les compétences nationales disponibles sur le marché du travail ;

- utiliser en priorité les matériaux, matières premières, produits et services d'origine guinéenne ;

- se conformer aux normes de qualité nationales ou internationales applicables en Guinée aux produits ou services résultant de leur activité ou dans le cadre de leur activité ;

- fournir toutes les informations devant permettre de contrôler le respect des conditions de l'octroi des bénéfices du régime privilégié ;

- s'acquitter des droits et taxes sur la valeur résiduelle telle que définie par le Code des Douanes, des équipements, matériels, matériaux et outillages acquis en exonération de droits et taxes en cas de cession ou de transfert de ceux-ci,

- s'acquitter des frais de dossier dont le montant et les modalités de paiements seront définies par un arrêté pris conjointement par les Ministres en charge de l'Economie et des Finances et de la Promotion du Secteur Privé.

CHAPITRE II : OBLIGATIONS LIEES AU BENEFICE DU REGIME DEROGATOIRE DES INCITATIONS FISCALES

Article 37 : Obligations de l'investisseur bénéficiaire des avantages fiscaux et douaniers

Outre les obligations générales instituées aux articles précédents du présent Code, tout investisseur bénéficiaire des avantages fiscaux et douaniers prévus par le présent Code est tenu de satisfaire aux obligation suivantes :

- au plus tard à la fin de chaque année fiscale, informer le Comité Technique de Suivi des investissements sur le niveau de réalisation du Projet ;

- au plus tard le 31 décembre de chaque année, transmettre au CTSI un rapport dans lequel doit figurer toutes les informations pouvant permettre au CTSI de vérifier si l'entreprise a respecté ses engagements et obligations au cours de l'année. Les entreprises agréées depuis moins de trois mois à la date du 31 décembre ne sont pas soumises à cette obligation ;

- se soumettre au contrôle de conformité de l'activité par le Comité Technique de Suivi des Investissements ;

- faire parvenir au Comité Technique de Suivi des Investissements, une copie des informations à caractère statistique que toute entreprise est légalement tenue d'adresser aux services statistiques nationaux ;

- Tenir une comptabilité de l'entreprise conformément au plan comptable en vigueur en République de Guinée.

Article 38 : Toute entreprise ayant bénéficié d'un régime dérogatoire, et qui cesse d'exercer ses activités pendant ou à la fin de la durée de dérogations fiscales et douanières, sera tenue de rembourser les montants des impôts non acquittés du fait de ce régime, si la cessation des activités résulte du fait de manœuvres frauduleuses, sans préjudice des éventuelles poursuites judiciaires encourues.

Article 39 : La cession partielle ou totale de l'entreprise bénéficiaire d'avantages liés au Code des Investissements doit être préalablement notifiée au Ministre en charge de la Promotion du Secteur Privé et au Ministre en charge des Finances, sous peine des sanctions prévues par les textes en vigueur. Toutefois les avantages acquis ne sont pas cessibles.

Article 40 : En cas d'arrêt exceptionnel des activités d'une entreprise bénéficiaire des avantages liés au Code des Investissements, pour des raisons de force majeure, celle-ci peut demander la suspension du régime privilégié pour une période qui ne saurait excéder un (1) an. La date d'expiration du régime dérogatoire est modifiée en conséquence.

TITRE VI
DE LA PROCEDURE D'ACCES AUX AVANTAGES FISCAUX ET DOUANIERS ET MODALITES D'APPLICATION

Article 41 : les procédures d'accès aux avantages fiscaux et douaniers feront l'objet d'un décret d'application du présent Code.

Article 42 : Délai d'expiration, conditions de retrait des avantages fiscaux et douaniers et sanctions encourues

Les avantages fiscaux et douaniers expirent aux termes prévus par la Loi de Finances. Le retrait partiel ou entier desdits avantages peut intervenir avant l'échéance en cas de manquement, même partiel, par l'investisseur à ses obligations ou engagements. Le retrait est conditionné par l'envoi d'une mise en demeure invitant l'investisseur à régulariser sa situation. L'investisseur dispose alors d'un délai de quatre-vingt-dix (90) jours au maximum pour régulariser sa situation à partir de la réception de la mise en demeure. Passé ce délai, le retrait peut être prononcé à tout moment.

Le retrait pour manquement aux obligations ou engagements entraine le paiement par l'investisseur des droits de douanes, et des impôts et taxes auxquels il était exempté, et ce, sans préjudices des autres actions juridiques ou judiciaires légales.

TITRE VII
DU REGLEMENT DES DIFFERENDS

Article 43 : Tout différend ou litige entre les personnes physiques ou morales étrangères et la République de Guinée, relatif à l'application du présent Code, est réglé à l'amiable et, à défaut, par les juridictions guinéennes compétentes.

Cependant, les parties peuvent convenir de soumettre le différend ou litige à un tribunal arbitral, dans ce cas, le recours à l'arbitrage se fera suivant l'une des procédures ci-après :

- la procédure de conciliation et d'arbitrage découlant soit d'un commun accord entre les parties, soit des Accords et Traités relatifs à la protection des investissements conclus entre la République de Guinée et l'Etat dont la personne physique ou morale étrangère concernée est ressortissante ;

- l'application de l'Acte Uniforme du 11 Mars 1999 portant règlement d'arbitrage de la Cour Commune de Justice et d'Arbitrage de l'OHADA ;

- l'application de la Convention du 18 mars 1965 pour le règlement des différends relatifs aux investissements entre Etats et ressortissants d'autres Etats, établie sous l'égide de la Banque Internationale pour la Reconstruction et le Développement et ratifiée par la République de Guinée le 4 novembre 1966, ou ;

- si la personne concernée ne remplit pas les conditions de nationalité stipulée à l'Article 25 de la convention susvisée, conformément aux dispositions des Règlements du mécanisme supplémentaire approuvé par le Conseil d'Administration du Centre International pour le Règlement des Différends relatifs aux Investissements (CIRDI).

TITRE VIII
DES DISPOSITIONS TRANSITOIRES ET FINALES

Article 44 : Les investisseurs qui bénéficient des avantages prévus dans la Loi L/95/029/CTRN du 30 juin 1995 portant Code des Investissements et ses textes d'application continuent de bénéficier de ces avantages jusqu'à la date prévue pour leur expiration.

Les entreprises qui bénéficient des régimes spéciaux d'aide fiscale à l'investissement continuent de bénéficier de ces avantages jusqu'à la date prévue pour leur expiration.

Article 45 : Les entreprises qui, à la date de publication du présent Code, n'ont pas été agréées au titre des dispositions de la Loi L/95/029/CTRN du 30 juin 1995 portant Code des Investissements ou au titre du Code Général des Impôts, peuvent bénéficier des avantages prévus par le présent Code et la législation fiscale et douanière dans la mesure où elles remplissent les conditions requises.

Article 46 : Des décrets et Arrêtés préciseront, en tant que de besoin, les modalités d'application du présent Code.

Article 47 : Sont abrogées toutes dispositions antérieures contraires au présent Code.

Article 48 : La présente loi sera publiée au Journal officiel de la République et exécutée comme Loi de l'Etat.

ANNEXE
INCITATIONS FISCALES ET DOUANIERES
(Extraits de la Loi L/2013/CNT du 31 décembre 2013, portant Loi de Finances pour l'année 2014)

<u>Article 16</u> : Les présentes dispositions fixent les dérogations au droit commun dans les domaines fiscaux et douaniers susceptibles d'inciter les personnes physiques et morales à investir en Guinée

<u>Article 17</u>:Le bénéfice des avantages prévus par ces dispositions est accordé à tout investisseur dont l'activité est conforme aux dispositions législatives et réglementaires en vigueur et consolidées dans le Code des Investissements.

I-1 Secteurs et activités éligibles

<u>Article 18</u>: **Les secteurs éligibles, sans être limitatifs sont :**

   a) Agriculture, élevage, pêche et activités connexes ;

   b) Industries manufacturières de production ou de transformation ;

   c) Industries touristiques et autres activités hôtelières ;

   d) Promotion immobilières à caractère social ;

   e) Activités de transport terrestre, maritime, fluvial, aérien ;

   f) Industries culturelles : livre, disque, cinéma et productions audio-visuelles ;

   g) Activités et travaux d'assainissement, de voirie, de traitement de déchets urbains et industriels.

<u>Article 19</u> : **Les secteurs soumis à réglementation technique**

   a) Santé, Education, Formation ;

   b) Publication de quotidien et périodiques ;

   c) Diffusion de programmes radiophoniques et télévisés ;

   d) Production d'électricité ou d'eau à des commerciales ;

   e) Postes et télécommunications ;

   f) Fabrication de médicaments et produits toxiques.

Article 20 : Activités exclues du bénéfice des avantages fiscaux et douaniers

a) Activités de revente en l'état de marchandises ;

b) Les entreprises des secteurs miniers et pétroliers ;

c) Fabrication, vente d'explosifs, d'armes et de munitions ;

d) Banques et finances.

I-2 Régime fiscal et douanier
A - Phase d'installation

Article 21 : Pendant la phase d'installation qui ne peut excéder trois (03) ans, à compter de la date de première importation d'équipements du projet, toute entreprise éligible au régime privilégié du Code des Investissements bénéficie des avantages suivants :

a) au titre des droits de douane :

- Exonération des droits et taxes d'entrée, y compris la taxe sur la valeur ajoutée (TVA) sur l'importation des équipements et matériels, à l'exception des véhicules automobiles conçus pour les transports des personnes, à l'exception de la taxe d'enregistrement (TE) au taux de 0,5% et de la redevance de traitement et de liquidation (RTL) de 2% sur la valeur CAF.

b) au titre de la fiscalité intérieure :

- Exonération de la Patente ;

- Exonération de la Contribution Foncière Unique ;

- Exonération du Versement Forfaitaire ;

- Exonération de la Taxe d'Apprentissage, à l'exclusion de la contribution de 1,5% pour le financement de la formation professionnelle.

Ces exonérations visent exclusivement les activités et salaires liés directement au développement du projet agréé.

B - Phase de production

Article 22: Allègements douaniers

a) Pendant toute la durée de vie du Projet initié, les matières premières ou intrants importés dans le cadre du cycle de production bénéficient sont assujettis à la RTL de 2%, à un droit fiscal de 6% et à la TVA de 18%.

b) Toutefois, les dispositions du Tarif douanier s'appliquent si elles sont plus favorables pour l'investisseur.

Article 23 :
Au titre de la présente loi, on entend par matières premières ou intrants: les produits entrant directement dans la fabrication des produits finis.

Article 24 : Allègements fiscaux

Pendant la phase d'exploitation de l'entreprise, l'investisseur bénéficie d'un régime fiscal dérogatoire consistant en des réductions d'impôts et taxes durant une période maximum de 8 ou 10 ans selon la zone d'implantation à compter de la date de démarrage des activités de production.

Article 25:
Pour l'application du régime fiscal dérogatoire, le territoire national est subdivisé en deux zones A et B …..

Article 26 :
Les réductions d'impôts et taxes applicables en Zone A sont les suivantes :

- Impôt Minimum Forfaitaire (IMF) – Bénéfice Industriel et Commercial (BIC)- Impôt sur les sociétés (IS) – Contribution des Patentes et Contribution Foncière Unique (CFU) ;
- 100% de réduction pour les 1ère et 2ème années ;
- 50% de réduction pour les 3ème et 4ème années ;
- 25% de réduction pour les 5ème et 6ème années ;
- Versement Forfaitaire (VF) - Taxe d'Apprentissage (TA)- Droit d'Enregistrement (DE) ;
- 100% de réduction pour les 1ère et 2ème années ;
- 50% de réduction pour les 3ème et 4ème années ;
- 25% de réduction pour les 5ème, 6ème, 7ème et 8ème années.

Article 27 :
Les réductions d'impôts et taxes applicables en Zone B sont les suivantes :

- Impôt Minimum Forfaitaire (IMF) – Bénéfice Industriel et Commercial (BIC)- Impôt sur les sociétés (IS) – Contribution des Patentes et Contribution Foncière Unique (CFU)
- 100% de réduction pour les 1ère, 2ème et 3ème années,
- 50% de réduction pour les 4ème, 5ème et 6ème années,
- 25% de réduction pour les 7ème et 8ème années